Demétrio Tadeu Ceccatto

Formação de compostos de alumínio por associação radiativa

Demétrio Tadeu Ceccatto

Formação de compostos de alumínio por associação radiativa

Um breve estudo sobre os processos de evolução estelar, seus ventos e a formação molecular em envelopes circunstelares

Novas Edições Acadêmicas

Impressum / Impressão
Bibliografische Information der Deutschen Nationalbibliothek: Die Deutsche Nationalbibliothek verzeichnet diese Publikation in der Deutschen Nationalbibliografie; detaillierte bibliografische Daten sind im Internet über http://dnb.d-nb.de abrufbar.

Informação biográfica publicada por Deutsche Nationalbibliothek: Nationalbibliothek numera essa publicação em Deutsche Nationalbibliografie; dados biográficos detalhados estão disponíveis na Internet: http://dnb.d-nb.de.

Coverbild / Imagem da capa: www.ingimage.com

Verlag / Editora:
Novas Edições Acadêmicas
ist ein Imprint der / é uma marca de
OmniScriptum GmbH & Co. KG
Heinrich-Böcking-Str. 6-8, 66121 Saarbrücken, Deutschland / Niemcy
Email / Correio eletrônico: info@nea-edicoes.com

Herstellung: siehe letzte Seite /
Publicado: veja a última página
ISBN: 978-613-0-15386-1

FORMAÇÃO DE COMPOSTOS DE ALUMÍNIO POR ASSOCIAÇÃO RADIATIVA

UM BREVE ESTUDO SOBRE OS PROCESSOS DE EVOLUÇÃO ESTELAR, SEUS VENTOS E A FORMAÇÃO MOLECULAR EM ENVELOPES CIRCUNSTELARES

DEMÉTRIO TADEU CECCATTO

Dedico este trabalho a minha eterna amanda, Josi.

"Nada pode ser obtido sem algum sacrifício".

Fullmetal Alchemist

AGRADECIMENTOS

A satisfação de dever cumprido, uma meta alcança, são essas as emoções que passam pela mente de quando terminamos um trabalho, quer seja o mais ou o mais complexo deles. No entanto, diretamente ou indiretamente, sempre temos pessoas que servem de suporte, pilar com uma palavra de motivação, encorajamento, determinação ou simplesmente um sorriso. Pois bem, aqui nestas linhas procuro agradecer a todos que me ajudaram em anos de estudos, na escola primária, ginásio, ensino médio, na graduação, no mestrado e agora na motivação desta reescrita de minha dissertação de mestrado. Primeiramente devemos agradecer a nossos pais, pelo simples fato de nos dar a vida e ensinar a caminhar de modo digno e correto, sempre ao nosso lado, não importando as circunstância. Em especial a meu pai, que me ensinou o quanto a vida é dura, que a cada tombo há uma chance de levantar e não cair novamente. Em seguida, aos membros de minha família, que apoiaram moralmente as tomadas de decisões em minha vida. Logo, pois sem eles não somos nada, nossos professores, em particular os meus professores que me ensinaram a competência leitora, escritora e calculista, sendo esta última a minha preferida, pois acabei seguindo na área de matemática, física e astrofísica. Pessoas das quais procurei a ter como exemplo a seguir os passos. A minha eterna namorada, a eterna *Josi*, pois sem ela que me motivou, me inspirou, não estaria escrevendo estas linhas agora. A pessoa que me ensinou e ensina dia a dia, o quão bela a vida é, já que citamos, agradeço à vida, a cada dia que vivemos, lutamos e vencemos.

Agradeço ao leitor, lembrando que uma certa dose de conhecimentos matemáticos e físicos se fazem necessários a essa leitura.

Muito Obrigado.

Rio Claro, 14/07/15.

Demétrio Tadeu Ceccatto

SUMÁRIO

Páginas

CAPÍTULO 1 – ESTRELAS: SUA FORMAÇÃO E EVOLUÇÃO 8
1.1 – As primeiras estrelas 8
1.2 – Equações da estrutura estelar 10
1.3 – Formação estelar 11
    1.3.1 – Colapso gravitacional 11
    1.3.2 – Protoestrelas 12
1.4 – Estrelas Gigantes e supergigantes 13
1.5 – Estrelas AGB e super-AGB 15

CAPÍTULO 2 –.VENTOS ESTELARES 18
2.1 – Ventos estelares 18
    2.1.1 – Ventos estacionários 19
    2.1.2 – Ventos estacionários com poeira 20
2.2 – As eqauções de Euler 21
    2.2.1 – O ponto critico sônico r_p 22
2.3 – Interações com o vento estelar e o meio interestelar 23

CAPÍTULO 3 – A QUÍMICA DOS ENVELOPES CIRCUNSTELARES 25

CAPÍTULO 4 – ASSOCIAÇÃO RADIATIVA 29
4.1 – Estrutura molecular 29
    4.1.1 – Simetria e números quânticos 29
4.2 – A curva de energia potencial 32
    4.2.1 – O potencial de Hulburt-Hirschfelder 33
4.3 – Associação radiativa 34

CAPÍTULO 5 – RESULTADOS 39
5.1 – Formação do AlO, AlCl, AlF e AlN por associação radiativa 39
    5.1.1 – Monóxido de alumínio................... 39
    5.1.2 – Cloreto de alumínio 43
    5.1.3 – Fluoreto de alumínio 46
    5.1.4 – Nitrato de alumínio 47
5.2 – Discussão 51

CAPÍTULO 6 – CONCLUSÕES E PERSPECTIVAS 53
6.1 – Conclusões 53
6.2 – Perspectivas futuras 53

REFRÊNCIAS 54

APÊNDICE A – RAIO E MASSA DE JEANS 71
APÊNDICE B – REAÇÕES NUCLEARES 73

CAPÍTULO 1

ESTRELAS: SUA FORMAÇÃO E EVOLUÇÃO

INTRODUÇÃO

A astrônoma é uma das ciências mais antigas da humanidade. Desde os tempos pré-históricos, o homem observa o céu noturno repleto de estrelas e postula ideias e hipóteses sobre a natureza de sua formação. Descobrir os processos que levam a formação destas estrelas levou os astrônomos a muitos anos de trabalho e dedicação à astronomia observacional. Para descobrirmos os mistérios da formação estelar, muitas técnicas observacionais foram desenvolvidas. Hoje conhecemos uma série de detalhes sobre as leis físicas responsáveis pela formação estelar, mas ainda, como o homem da pré-história, não conhecemos todos os processos físico-químicos responsáveis pelo ciclo natural de vida de uma estrela. A evolução estelar é um campo aberto, fascinante e vasto dentro da astrofísica moderna e sem dúvida, uma vasta área a ser estuda compreendida pelos próximos anos. Muitos dos processos responsáveis pela formação estelar e são complexos e impossíveis de ser reproduzidos em laboratórios.

1.1 AS PRIMEIRAS ESTRELAS

As primeiras estrelas provavelmente se formaram há 200 milhões de anos após o Big Bang, sendo que, a sua composição química era praticamente de H e He. A hipótese aceita pelos astrofísicos supõe que as nuvens de gás, presente neste universo primitivo, sem elementos pesados, se condensaram em nuvens cuja estrutura era muito maior que as observadas hoje. Acredita-se que essas estrelas primordiais eram muito maiores e quentes, talvez com 100 a 1000 $M_\odot$ massas solares. Sendo que a vida destas estrelas pode ter durado milhões de anos ou talvez menos, antes de se extinguir como supernovas. A luz ultravioleta dessas estrelas pode ter iniciado um momento crucial na evolução do Universo – a re-ionização do seu hidrogênio.

Durante o ciclo de suas vidas, as primeiras estrelas massivas criaram e dispersaram novas espécies químicas no meio interestelar. Um verdadeiro ecossistema de novos elementos, como C, O, Si e Fe, formados a partir da fusão nuclear nas regiões centrais extremamente quentes e densas dessas estrelas. Os elementos mais pesados como o Fe, Ba e Pb, formaram-se durante a sua violenta morte. As estrelas da segunda e terceira gerações, menores em relação as estrelas primordiais, formaram-se no meio interestelar enriquecido por suas primogênitas. Essas estrelas, por sua vez, criaram mais elementos químicos, que retornaram ao meio interestelar através de ventos estelares e supernovas. Esses processos de reciclagem e enriquecimento químico são contínuos no Universo. Na tabela 1.1 podemos observar um resumos das principais propriedades e regiões observadas no meio interestelar.

Resumo das propriedades das nuvens e outras regiões observadas no meio interestelar	
Objeto	Propriedades*
Região H II	$T = 10000$K. Dominada pelo íon H^+, mas C^+, N^+ e O^+ estão presentes. $n \approx 10^2 - 10^3 cm^{-3}$, $r \approx 1-10$ pc. Emissão de radiação no continuo e linha.
Meio internebular	$T = 10000$K. Átomo dominante H. Íon dominante C^+. Todos os átomos com potencial de ionização $< 13,6$ eV. $n \approx 0,1$ cm^{-3}. Não há moléculas.
Nuvens difusas	$T = 100$k. Converção parcial de H em H_2. Íon dominante C^+. Outros átomos parcialmente neutros. $n \approx 100$ cm^{-3}. Moléculas CO, H_2CO e algumas outras.
Nuvens escuras	$T = 10-20$ K. Muito H convertido em H_2. Profundidade óptica grande no visível e ultravioleta. $n \approx 10^4 cm^{-3}$. Pequeno movimento interno. $M = 10^2 - 10^4 M_\odot$. $r \approx 5$ pc. Muitas moléculas observadas.
Nuvens moleculares	$T = 50$K. Associação com regiões de excitação. Grande profundidade óptica. Frequentemente emissões em infravermelho de radiações térmicas. $n < 10^6$ cm^{-3}. $M < 10^6$ $M_\odot$. $r < 30$ pc. Muitas moléculas
Envelopes circunstelares	$T = 100-1000$K. Associadas com estrelas de baixa temperatura superficial. Moléculas e poeiras são observadas. Estrelas ricas em oxigênio mostram silicatos, SiO. Estrelas ricas em carbono mostram carbono, C_2H_2.
Regiões compactas de H II	$T = 10 - 1000$K. Estrelas quentes com densas nuvens de gás e poeira. Emissão em infravermelho e radio pelo gás, poeira incluindo moléculas. $n \approx 10^3 - 10^4$ cm^{-3}.
Gás coronal	$T = 10^5 - 10^6$K. $n = 10^{-2}$ cm^{-3}. Átomos altamente ionizados. Muito ocupado, aproximadamente 20% do meio.
Nuvens moleculares gigantes	$T = 10^5 - 10^6$K. Baixa densidade relativa ($n \approx 600^2$ cm^{-3}). Muita massa (M $\approx 5 \times 10^5 M_\odot$). Diâmetro de 40-100 pc.
* T = temperatura cinética; n = número de átomos de H por cm^{-3}; M = massa, r = raio	

Tabela 1.1: Propriedades físicas observadas nas regiões do meio interestelar (Adaptada de DULEY; WILLIAMS, 1984)

Com o intuito de entender a formação dos envelopes das estrelas gigantes e supergigantes, bem como a presença de certos elementos químicos e compostos nesses ambientes, este Capítulo apresenta um breve resumo sobre a formação das estrelas e sua evolução.

1.2 EQUAÇÕES DA ESTRUTURA ESTELAR

Com a finalidade de se descrever as condições físicas observadas nas regiões estelares, há um conjunto de equações, sendo denominadas de *equações de estado* ou *equações da estrutura estelar*. Supondo que as estrelas apresentam simetria esférica e em equilíbrio hidrostático, basicamente são quatro equações diferenciais de primeira ordem na forma de Euler que a descreve:

a) *Equação da continuidade*: A massa e a densidade estão relacionadas pela equação (1.1)

$$\frac{dM}{dr} = 4\pi r^2 \rho(r).$$

(1.1)

b) *Equação de equilíbrio hidrostático*: A pressão e a densidade podem ser relacionadas pela equação (1.2)

$$\frac{dP(r)}{dr} = -\frac{GM(r)\rho(r)}{r^2}.$$

(1.2)

c) *Equação do equilíbrio térmico*: A geração de energia térmica de uma estrela está relacionada com a sua luminosidade pela equação (1.3)

$$\frac{dL(r)}{dr} = 4\pi r^2 \rho(r)\epsilon(r).$$

(1.3)

d) *Equação de equilíbrio radiativo*: A temperatura está relacionada com a opacidade e a luminosidade da estrela pela equação (1.4), onde σ representa a constante de Stefan–Boltzmann.

$$\frac{dT(r)}{dr} = -\frac{3\kappa_R \rho(r)L(r)}{(4\pi r^2)^2 16\sigma T(r)^3}. \tag{1.4}$$

A opacidade κ_R de um material nada mais é do que a sua propriedade física de se bloquear a radiação, sendo expressa em m^2/kg. Por definição, materiais transparentes apresentam opacidade nula.

Para uma estrela a sua opacidade pode ser definida $\kappa(r) = \kappa_0 \rho(r)T(r)^{-3,5}$, onde κ_0 é dita *opacidade de Kramer*.

1.3 FORMAÇÃO ESTELAR

Os processos de formação estelar constitui um dos mais básicos problemas em astrofísica, sendo, um assunto amplo e complexo. Nos dias atuais, é bem aceito que as estrelas possuem seus locais de formação nas nuvens moleculares. Essas nuvens são formadas pelo gás situado entre as estrelas, compostas de grãos de poeira e moléculas, essencialmente H_2. Tais nuvens formam complexos, compostos de dezenas até centenas de nuvens e possuem estruturas internas chamadas de condensações. Estas últimas ainda possuem subestruturas chamadas de núcleos. Estes núcleos podem eventualmente se fragmentar e colapsar, formando estrelas e sistemas planetários.

1.3.1 COLAPSO GRAVITACIONAL

O principal agente responsável pela formação da estrela é a gravidade do gás. A instabilidade gravitacional ocorre para flutuações de densidades com escalas maiores ou iguais ao comprimento de Jeans, ou equivalentemente, se sua massa excede a massa de Jeans (Apêndice A).

No entanto, se a gravidade fosse o único agente responsável pela conversão dos núcleos das nuvens em estrelas, observar-se-ia um excesso de formação estelar. Assim sendo, devem existir mecanismos que se opõem ao colapso, tais como: campo magnético, rotação, turbulência e pressão térmica.

1.3.2 PROTO-ESTRELAS

O colapso inicial da nuvem molecular leva cerca de 1 a $2x10^5$ anos. Nessa fase, a temperatura da nuvem permanece constante (colapso isotérmico), já que o aquecimento resultante da contração e balanceado pelo resfriamento dos grãos de poeira (radiação infravermelha) e pelas moléculas (ondas de rádio), sendo o CO o principal refrigerador (transição rotacional J:1-0, em 2,6 milímetros). Na condensação surge um pequeno caroço proto-estelar em equilíbrio quase-hidrostático. O que só é possível para um perfil de densidade aproximado a r^{-2} (r é o raio do caroço). Tal perfil foi confirmado através de observações.

À medida que ocorre a contração, a densidade aumenta tanto ($\sim 6x10^{10}$ átomos de H/cm^3) que a radiação liberada pelos grãos e moléculas não consegue escapar da condensação e a temperatura começa a subir. À medida que o caroço ganha massa e se comprime, sua temperatura aumenta e atinge 2000K, capaz de dissociar o H_2. A energia interna é usada na dissociação do H_2, gerando uma diminuição da temperatura e pressão internas e, consequentemente, gerando um novo colapso, denominado de colapso adiabático. O caroço retoma o equilíbrio por volta de 2000 K e densidades da ordem de 10^{21}–10^{22} átomos de H/cm^3.

A última fase de evolução consiste na deposição do restante do material da condensação. Nessa fase, a proto-estrela permanece radiativa. Quando o caroço central atinge uma temperatura da ordem de 10^6K, inicia-se a queima do deutério e uma zona de convecção é deflagrada para as camadas mais externas. O mecanismo de acreção é gradativamente reduzido com o estabelecimento do vento estelar, que frequentemente, adquire uma forma bipolar, ou seja, combina acreção (pela região equatorial) e ejeção (pelo eixo de rotação). Com o início das reações termonucleares, a protoestrela transforma-se em uma estrela e caracteriza a sua entrada na chamada sequência principal ou idade zero no diagrama HR (ou diagrama $\log T_{ef} - \log L$, T_{ef} é a temperatura efetiva e L a luminosidade).

Devido ao fato de as protoestrelas formarem-se no interior de uma nuvem, são observadas no infravermelho, com raios grandes e temperaturas baixas e ficam localizadas no canto superior direito do diagrama HR (Figura 2.2), denominado fase pré-sequência principal.

1.4 ESTRELAS GIGANTES E SUPERGIGANTES

O tempo de vida da estrela depende de sua massa inicial. A evolução é bem diferente para as estrelas de pequena massa e para as estrelas que possuem grande massa. Porém, os processos fundamentais, que ocorrem nos dois casos, são as reações nucleares. À medida que a estrela envelhece, queima o hidrogênio em seu centro, formando um núcleo de He. Quando cerca de 10% a 15% da massa total de H tiver sido transformada em He, a pressão gerada pela queima de H não será mais suficiente para manter o equilíbrio, ou seja, quando 4 prótons são transformados em He, ocorre uma diminuição do número de partículas livres que causam um abaixamento da pressão interna. Para manter o equilíbrio, o núcleo se contrai, a temperatura central aumenta, aumentando a taxa de reações pp (Apêndice B). Assim, as camadas mais externas se expandem, a luminosidade aumenta, porém a temperatura superficial se mantém constante. A estrela deixa a sequência principal.

O aumento da temperatura central faz com que se inicie a queima do H numa fina camada ao redor do núcleo, mantendo a taxa de produção de energia. A energia liberada causa um aumento de volume na estrela. A estrela chega à fase de evolução denominada gigante vermelha. Seu envelope é convectivo e instável..

As estrelas com massa menores que 1,8 $M_{\odot}$ possuem no estágio de gigante vermelha, um núcleo com densidades muito elevadas ($\sim$400 kg/cm^3). Nessas condições, o gás do núcleo se encontra em estado degenerado. O colapso do núcleo é quase que impedido. Quando a temperatura do núcleo atinge 10^8 K, os núcleos de He começam a se fundir de modo violento através do processo triplo-α (Apêndice B). Tal processo é conhecido como "flash do hélio", o

13

qual remove a degenerescência. Essa fase de evolução define uma região do diagrama HR denominada de **ramo horizontal**.

As estrelas com 0,08 a 0,5 $M_\odot$ não conseguem atingir temperaturas para dar início à combustão do He. Acredita-se que não se tornem gigantes vermelhas. Seu estágio final de evolução é a formação de uma anã branca. Para aquelas com 0,5 a 1,0 $M_\odot$ ocorre à contração lenta do núcleo e um aumento de sua temperatura, mas não conseguem queimar o He. A estrela se expande e torna-se uma gigante vermelha, perdendo seu envoltório e terminando como uma anã branca.

Para as estrelas com massas maiores que 1,8 $M_\odot$, a pressão gerada pelo gás degenerado é insuficiente para sustentar o peso das partes externas e a temperatura aumenta de tal maneira que as reações de fusão com o He são disparadas de modo não violento.

Nos núcleos das estrelas com massas entre 1 a 8 $M_\odot$ a exaustão do He no núcleo faz com que ele se contraia, aumentando a temperatura e, consequentemente, aumentando a pressão interna e causando a expansão das camadas externas. Nessa fase, a energia provém de duas camadas esféricas concêntricas. Uma, em torno do núcleo de C/O, queimando He. A outra, mais externa, queima H. A estrela entra na fase de evolução denominada **ramo assintótico** no diagrama HR.

As estrelas com massas entre 8 e 10 $M_\odot$, atingem temperaturas centrais capazes de queimar elementos mais pesados que o He e tornam-se gigantes vermelhas, caminhando para a fase de evolução denominada **ramo assintótico** no diagrama HR (HERWIG, 2005). No entanto, ainda há muitas incertezas quanto à evolução das estrelas massivas (van LOON et al., 2005; HERWING, 2005). Ao fim de sua vida, as mais leves perdem o envelope, deixando um núcleo composto de O, Ne e Mg, ou seja uma anã branca. As mais pesadas dão origem a uma supernova.

As estrelas com massas entre 10 e 40 $M_\odot$, após a queima do hidrogênio tornam-se supergigantes vermelhas. As com massas maiores que 25 $M_\odot$ perdem o envelope rico em hidrogênio e são chamadas de estrelas Wolf-Rayet (WR). O núcleo dessas estrelas pode atingir temperaturas suficientes para disparar a fusão formadora de neônio (Ne) e de silício (Si) e, no final, de ferro (Fe) (Apêndice B). A energia de ligação do ferro é a mais elevada da tabela periódica. Assim, a formação de elementos químicos por fusão após o ferro não produz energia, mas consome. Sem fusão nuclear no centro da estrela, a contração gravitacional prossegue até exceder 10^9K. O ferro sofre então uma fotodesintegração, produzindo He (Fe + γ $\rightarrow$ 13 ^{4}He + 4n). O He produzido também se fotodessintegra consumindo energia para romper a energia de ligação (^{4}H $\rightarrow$ 2p + 2n). A forte contração gravitacional comprime os elétrons e os prótons, resultando em nêutrons e neutrinos (p + e$^-$ $\rightarrow$ n + ν). Em suma, há a conversão do material do núcleo em nêutrons. Essas estrelas, provavelmente, tornam-se supernovas ou podem se colapsar e formar um buraco negro.

Por último, as estrelas com massas maiores que 40 M$_\odot$, tornam-se estrelas WR e não passam pela fase de supergigante vermelha. No entanto, passam por uma fase conhecida como variáveis luminosas azuis ou variáveis LBV (*Luminous Blue Variable*). No diagrama HR, algumas dessas variáveis podem coexistir com as estrelas azuis normais, porém elas possuem propriedades bem diferentes, terminado sua vida, provavelmente, como buracos negros.

1.5 ESTRELAS AGB E SUPER-AGB

As estrelas do ramo assintótico ou AGB (*Asymptotic Giant Branch*) são estrelas com massas iniciais entre 1 a 8 M$_\odot$. As que possuem massas menores que 4 M$_\odot$ são chamadas de AGB de pequena massa e as com massa entre 4 e 8 M$_\odot$ de AGB massivas. As super-AGB são estrelas com massas iniciais entre 8 e 10 M$_\odot$.

Em geral, as AGB possuem um núcleo inerte de C/O que contém uma boa parte da massa da estrela (0,5 a 1 M$_\odot$), onde se encontra um gás de elétrons em estado degenerado, ou seja, uma anã branca. O núcleo é circundado por uma camada onde ocorre a fusão do He. A camada de queima de He é rodeada por outra onde ocorre a queima do H.

O ramo AGB pode ser dividido em duas fases: (i) A fase inicial (*early-AGB),* na qual a principal fonte de energia da estrela provém da queima de He e (ii) a fase das pulsações térmicas (*thermal pulsing-AGB* ou TP-AGB). A duração da fase inicial depende da massa do núcleo, sendo da ordem de 10^7 anos para massa menores que 3 M$_\odot$. Já a fase TP-AGB é mais curta, cerca de 10^6 anos.

A fase das pulsações térmicas recorrentes é a fase final da AGB. Quando o He se esgota na camada ao redor do núcleo de C/O e a produção de energia provém do ciclo pp que opera na base do envoltório convectivo. O He produzido é incorporado à camada de He composta de gás degenerado. Com o passar do tempo, a temperatura nessa última camada aumenta a tal ponto que dispara o processo triplo-α. Esse processo remove a degenerescência e torna-se a fonte dominante de energia novamente, inibindo o processo pp na camada vizinha. Em suma, a queima de H é interrompida periodicamente pelos *flash* de He, dando origem a uma série complexa de pulsos térmicos.

O material processado no interior da estrela pode ser trazido à sua superfície através de um processo chamado de terceira dragagem. A dragagem é um processo de mistura por convecção que ocorre após o fim da fusão de um elemento no centro da estrela, ou seja, quando o envelope da estrela se expande e esfria. A primeira dragagem ocorre após o fim da queima do H, a segunda após o fim da queima do He no núcleo da estrela e a terceira ocorre após cada *flash* de He na camada de fusão do He.

Uma das mais importantes implicações do processo de terceira dragagem é a formação das estrelas carbonadas ou ricas em carbono. De acordo com os modelos, as AGBs que apresentam C/O > 1, possuíam massas iniciais em torno de 1 a 4 $M_\odot$. Além do carbono, ^{12}C, gerado principalmente através do processo triplo-α, outros elementos são dragados e levados para superfície como ^{13}C, ^{14}C, ^{14}N, ^{15}N, ^{16}O, ^{17}O, ^{18}O, ^{18}F, ^{19}F, ^{23}Na, ^{25}Mg, ^{26}Mg, ^{26}Al e ^{27}Al. O alumínio é formado através das reações: $^{25}Mg + p \rightarrow {}^{26}Al + \gamma$ e $^{26}Mg + p \rightarrow {}^{27}Al + \gamma$. O sódio é produzido principalmente através das reações: $^{22}Ne + n \rightarrow {}^{23}Na + \gamma$ e $^{22}Ne + p \rightarrow {}^{23}Na + \gamma$. Elementos químicos pesados também podem ser formados através de captura de nêutrons (processo *s*), como: ^{35}Cl, ^{36}Cl e ^{40}K dentre outros até o ^{96}Zr.

Nas supergigantes, o principal mecanismo de produção de ^{27}Al e ^{23}Na é a queima de C. Uma pequena quantidade desses elementos é formada na camada onde ocorre a queima de He. Evidências desse processo de nucleossíntese foram observadas no espectro óptico de estrelas supergigantes, onde um aumento na abundância desses elementos parece estar relacionado.

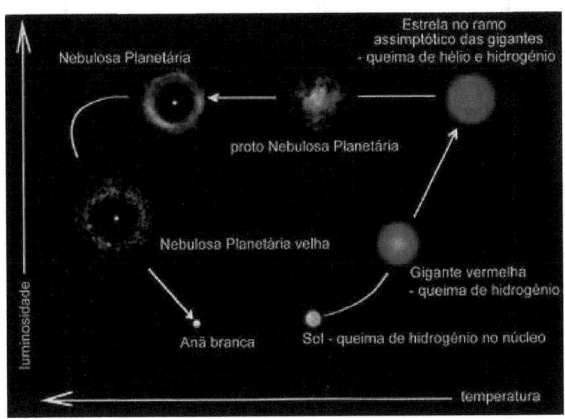

Figura 1.1: Esquema da vida de uma estrela do tipo solar (adaptação da Figura 7.2 de "Cosmic Butterflies - The Color full Mysteries of Planetary Nebulae" de S. Kwok), (retirada de www.portaldoastronomo.org.br)

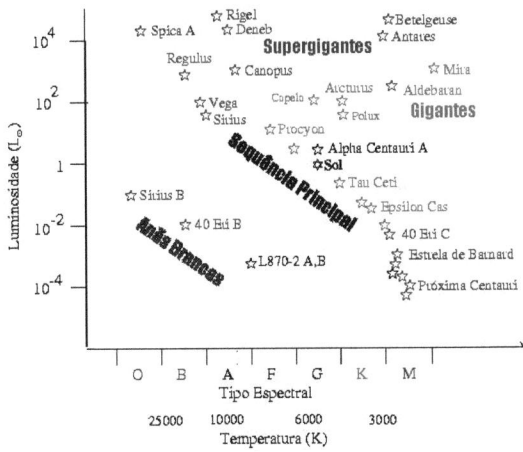

Figura 1.2: Diagrama HR (retirada de http://astro.if.ufrgs.br/estrelas/node2.htm)

CAPÍTULO 2

VENTOS ESTELARES

INTRODUÇÃO

As estrelas não emitem apenas radiação para o meio interestelar, mas também partículas. Esta interação de partículas e o meio interestelar é conhecida como vento estelar.

2.1 VENTOS ESTELARES

O fenômeno de perda de massa de uma estrela pode ocorrer por meio de uma explosão onde a maior parte da massa da estrela é lançada ao meio interestelar de modo drástico ou por meio de um processo mais lento e continuo onde a estrela perde uma fração de sua massa ao ano. Somente nas décadas de 1920 e 1930 por meio das novas técnicas de formação de imagem, foi possível identificar regiões de formação de casca concêntricas com velocidade de expansão superior a velocidade de escape de suas atmosferas.

Os ventos estelares podem ser observados em estrelas quentes e luminosas como as gigantes azuis, estrelas do tipo solar e em gigantes e super gigantes frias, as estrelas do ramo AGB.

Para se estudar os ventos estelares são necessárias quatro etapas;

i.   Análise da observação e métodos utilizados para se determinar as propriedades dos ventos;
ii. Estudo e compreensão dos mecanismos responsáveis pela perda de massa;
iii. Estudo dos efeitos dos ventos sobre as regiões vizinhas do meio interestelar;
iv. Estudo dos efeito dos ventos sobre a evolução estelar.

A princípio, a velocidade final de escoamento v_∞, a lei da velocidade e a taxa de perda de massa podem ser determinadas a partir da observação em alta resolução de diferentes íons. Alguns efeitos limitantes devem ser considerados, como a saturação dos perfis, efeitos da turbulência na região de formação da linha, ionização dos ventos, ausência do equilíbrio termodinâmico local e presença de choques entre espécies.

A partir das observações sobre o vento estelar, podemos estimar a taxa de perda de massa da estrela $\dot{M}$, que é quantidade de massa que a estrela perde por unidade de tempo e a velocidade terminal de seus ventos, v_∞, que é a velocidade que os ventos atingem a uma distância muito grande da estrela. A taxa de perda de massa $\dot{M}$ é expressa em termos da massa solar por ano, ou seja, $M_\odot$/ano = $6,3.10^{25}$ g/s. A velocidade terminal para os ventos estelares são da ordem de 10 km/s, já para uma supergigante fria v_∞ = 3000 km/s!

O gás que escapa da estrela por meio de seus ventos deposita a sua energia cinética no meio interestelar, que por unidade de tempo, é $0,5\dot{M}v_\infty$. Para se compreender a interação do material estelar com o meio interestelar, a taxa de perda de massa e velocidade terminal devem ser conhecidos.

Logo, vemos que o vento estelar é o fluxo continuo de material (gás ou poeira) oriundo da estrela para o meio interestelar. Essa ejeção de material é constante durante o seu ciclo de vida. Para estrelas massivas, os seus ventos ejetam para o meio interestelar muito mais que a metade de sua massa inicial, no evento conhecido como supernova.

Os processos de perda de massa para uma estrela estão relacionados com o estágio final de sua evolução para as estrelas AGB´s. As estimativas de suas taxas de perda de massa se baseiam na observação da variação da luminosidade, no aumento de seu raio estelar e decresce em função da temperatura.

2.1.1 VENTOS ESTACIONÁRIOS

A teoria hidrodinâmica para os ventos estelares foi proposta em uma série de trabalhos elaborados por Parker na década de 1960 e revisada em 1997. Cada um dos fluxos obedece a equação

$$\frac{1}{v}\frac{dv}{dr} = \frac{2}{r}[A(r) - B(r)](v^2 - c_T^2),\qquad(2.1)$$

onde $c_T^2 = P/\rho$.

Para uma simetria esférica, isotérmica e com ventos termicamente governados $A = c_T^2 = constante$ e $B = \frac{v_{esc}^2}{4} = \frac{GM}{2r}$. Um ponto crítico, r_P, ocorre quando $A = B$. Se $v \ll c_T$ ocorre a desaceleração do fluxo ao redor de r_P. Temos a pressão excedendo os limite do interior estelar. Para $T \propto 1/r$, não há pontos críticos e o fluxo atinge velocidades subsônicas. Soluções oscilatórias podem ocorrer quando $v = c_T$, comuns em estrelas reais.

Ventos originados de estrelas quentes estão impulsionados pela absorção e pela linha de ressonância dos fótons em ultra-violeta. Já os ventos originados em estrelas frias podem ser acelerados pela pressão de radiação atuando ao longo de sua banda de absorção molecular. Estudos mostram que o aumento de energia abaixo de r_P irá implicar no aumento da taxa de perda de massa, enquanto que abaixo de seu ponto crítico tende a aumentar a velocidade do fluxo.

2.1.2 VENTOS ESTACIONÁRIOS COM POEIRA

Grãos de poeira são eficientes na absorção e estabilidade do brilho da estrela. Colisões entre os grãos de poeira constituintes do gás transferem a energia para o gás, podendo, este processo, impulsionar a taxa de perda de massa, acelerando o vento estelar.

A taxa de perda de massa é mínima quando a poeira se forma no fluxo de saída, já quando o fluxo trás a poeira do interior da atmosfera, esta impulsiona os ventos. Nas regiões de formação de poeira, CO é a molécula mais abundante, mas nas regiões em que [O]>[C], o carbono formará CO e o excesso de oxigênio irá formar óxidos e silicatos, SiO, por exemplo.

Já as estrelas do tipo S, apresentam [C]≈[O], estes são utilizados para a formação de grãos moleculares.

As estrelas ricas em oxigênio possuem um período de variação de seu brilho médio de 400 dias, enquanto que as estrelas tipo S apresentam um período menor de variação de brilho, pois possuem menos poeira em sua atmosfera, podendo variar nas taxas de perda de massa. Condições severas são encontradas pelos grãos de poeira:

a) temperatura de equilíbrio radioativo (T_{ER});

b) temperatura de energia cinética para o gás;

c) movimento relativo entre os grãos deve ser baixo.

Nos ventos estacionários a poeira é formada onde $T_{ER} < T_{saturação}$. Silicatos apresentam temperatura de saturação aproximada de 1450 K, para uma densidade de 10^{-10} g/cm^3.

Para estrelas que apresentam pulsação, esta pode ou não acelerar o vento estelar, sendo uma fonte natural de energia, aquecendo o gás da atmosfera. O equilíbrio radioativo age como um refrigerador onde as moléculas e a poeira estão se formando próximo a atmosfera estática da estrela.

2.2 EQUAÇÕES DE EULER

A equação de Euler para os fluidos na ausência de forças externas é dada por

$$\frac{\partial \vec{v}}{\partial t} + \left(\vec{v} \cdot \vec{\nabla}\right)\vec{v} = -\frac{1}{\rho}\vec{\nabla}P. \tag{2.2}$$

Para uma variação P' na pressão provocada pela onda de choque

$$\frac{\partial \vec{v}}{\partial t} + \frac{1}{\rho_0}\vec{\nabla}P' = 0. \tag{2.3}$$

$\left(\vec{v} \cdot \vec{\nabla}\right)\vec{v}$ pode ser desprezado, pois $\vec{v}$ é muito pequeno.

Considerando que a propagação de uma onda sonora em um fluido como um processo adiabático, podemos escrever

$$P' = \left(\frac{\partial P}{\partial \rho_0}\right)_S P', \tag{2.4}$$

onde S representa a entropia constante do sistema.

Então podemos escrever,

$$\frac{\partial P'}{\partial t} + \rho_0 \left(\frac{\partial P}{\partial \rho_0}\right)_S \vec{\nabla}v = 0. \tag{2.5}$$

21

O conjunto de equações (2.3) e (2.5) descrevem a onda sonora propagando neste fluido. O termo c_T^2 é dito s velocidade de propagação da onda sonora, dado por $c_T^2 = \left(\frac{\partial P}{\partial \rho}\right)_S$.

Para o caso isotérmico, a velocidade do som é constante. Em um fluido ideal, a propagação das ondas sonoras é adiabática. Se houver trocas de energia entre os elementos do fluido e o material circundante, por exemplo, condução ou radiação, a propagação do som será isotérmica pois a variação na temperatura será distribuída ao longo do sistema.

Iremos considerar o estudo de c_T para os casos isotérmicos e adiabático.

a) Caso isotérmico

Para uma variação isotérmica em um gás perfeito, a velocidade do som é escrita como

$$c_T^2 = \left(\frac{\partial P}{\partial \rho}\right)_T. \tag{2.6}$$

A partir da equação de estado para um gás perfeito, podemos escrever

$$P = \frac{k\rho T}{\mu m_H} \left(\frac{\partial P}{\partial \rho}\right)_T = \frac{kT}{\mu m_H} \Rightarrow c_T^2 = \frac{P}{\rho}. \tag{2.7}$$

b) Caso adiabático

Considerando a equação de estado $P = \frac{k\rho T}{\mu m_H}$ e que a pressão pode ser escrita como o produto de uma constante e ρ^γ, onde o expoente $\gamma = \frac{c_P}{c_V}$ é a razão entre os calores específicos a pressão e volume constante, temos

$$\left(\frac{\partial P}{\partial \rho}\right)_S = \gamma \frac{P}{\rho}. \tag{2.8}$$

Logo, $c_T^2 = \frac{\gamma kT}{\mu m_H}$.

2.2.1 O PONTO CRÍTICO SÔNICO, r_p

Para um envelope circunstelar, a equação da quantidade de movimento é dada por

$$v\frac{dv}{dt} = -\frac{1}{\rho}\frac{dP}{dr} - g_{ef},\tag{2.9}$$

sendo g_{ef} é a gravidade efetiva.

E a equação da conservação de massa é escrita como $r^2\rho v = constante$.

Um bom exercício de cálculo, ao leitor, é deduzir as relações

$$\begin{cases} \frac{r}{v}\frac{dv}{dr} = \frac{2c_T^2 - g_{ef}r}{v^2 - c_T^2} \\ \frac{d\ln v}{d\ln r} = \frac{2c_T^2 - g_{ef}r}{v^2 - c_T^2} \end{cases}\tag{2.10}$$

Estas relações mostram que há uma singularidade quando $v = c_T$, ou seja, no ponto sônico, implicando que devemos ter $2c_T^2 - g_{ef}r = 0$, para que o gradiente de velocidade seja um número finito.

2.3 INTERAÇÕES COM O VENTO ESTELAR E O MEIO INTERESTELAR

Os processos de interação estão relacionados com a injeção de energia do envelope circunstelar para o meio interestelar, superior a dimensão deste envelope. A injeção de massa provocada por uma estrela quente com taxa de perda de massa da ordem de $10^{-6} M_\odot$/ano e com velocidade em seus ventos da ordem de 2×10^3 Km/s é 10^{36} erg/s.

Nessa região de interação, podemos encontrar basicamente, três camadas distintas entre si, por suas propriedades físicas:

1. localiza-se o vento com velocidade supersônica;

2. ocorrência de interação entre as ondas de choque produzidas pelo vento e o gás inerte do meio interestelar;

3. gás inerte.

Na camada inerte uma parcela da energia mecânica do vento é transferida ao gás em forma de energia cinética. Podemos estimar a região afetada r afetada por essa interação por meio da relação

$$r \approx 2{,}5.10^{-19} \left[\frac{1}{\rho}\frac{dE}{dt}\right]^{\frac{1}{5}} t^{\frac{3}{5}}, \tag{2.11}$$

sendo r dado em pc e t a escala de tempo de expansão em (s). para uma estrela quente t aproximadamente de 10^5 anos.

Para uma estrela com 10 $M_\odot$ a energia transmitida para o meio é da ordem de 10^{49} a 10^{51} erg/s, ou seja, as estrelas massivas são as principais constituintes para o enriquecimento do meio interestelar.

CAPÍTULO 3

A QUÍMICA DOS ENVELOPES CIRCUNSTELARES

INTRODUÇÃO

O fluxo dos ventos frios dos envelopes circunstelares são os locais ideias para a formação de moléculas e poeira, sendo a camada mais externa do envelope a região principal de formação molecular, pois sendo o local onde a radiação UV proveniente do meio interestelar penetra o envelope e, por fotodissociação das moléculas ali presente as quebra em radicais e íons.

A química dos envelopes circunstelares tem sido objeto de estudo desde os primórdios da radioastromonia milimétrica, quando a transição rotacional J:2-1 em 2,6 milímetros foi detectada no envelope da estrela gigante vermelha CW Leo (IRC+10216). Tais observações permitiram elucidar as propriedades físico-químicas desses ambientes.

Os envelopes circunstelares das estrelas podem ser ricos em carbono (estrelas tipo N), ricos em oxigênio (estrelas tipo M) ou ainda possuírem as mesmas abundâncias de carbono e oxigênio (estrelas tipo S), refletindo na sua evolução no diagrama de Hertzsprung-Russel (HR) ou diagrama $logT_{ef}$ – $logL$ (T_{ef} é a temperatura efetiva e L a luminosidade da estrela). Em tais ambientes, a espécie atômica que apresenta a menor abundância estaria acoplada ao CO, sendo um composto molecular extremamente estável (energia de dissociação de 11,1 eV). Parte dos átomos da espécie mais abundante ficaria livre e reagiria com outras espécies formando radicais e moléculas, os quais podem se condensar e formar grãos de poeira. Os grãos sob a ação da pressão de radiação aceleram e empurram o restante do gás formando um extenso envelope.

Se a estrela central é rica em oxigênio, o seu envelope é caracterizado pela presença de óxidos, silicatos e compostos como o OH, H_2O, CO_2, SO, dentre outros, que possuem no máximo três átomos. Se, no entanto, o envelope é rico em carbono, o excesso deste último elemento químico é usado para formar, por exemplo, CN, C_2, C_2H_2, hidrocarbonetos aromáticos policíclicos (PAH – *Polycyclic aromatic hydrocarbons*) e SiC.

No entanto, em certos envelopes associados às estrelas em suas fases finais de evolução, ocorre a coexistência dos dois meios, um rico em oxigênio e o outro em carbono, como nos envoltórios proto-planetários. Recentemente, moléculas complexas como os fulerenos, C_{60} e C_{70}, foram detectadas em envoltórios proto-planetários ricos em oxigênio. Os mecanismos responsáveis pela presença dos fulerenos em ambientes ricos em oxigênio são pouco conhecidos.

O envelope da estrela IRC+10216 (CW Leo), por ser o segundo objeto celestial mais brilhante em 5 μm fora do Sistema Solar, perdendo apenas de Eta Carina, é o mais estudado. Trata-se de uma gigante vermelha que possui um envelope rico em carbono e uma luminosidade da ordem de $1,1x10^4$ $L_{\odot}$. IRC+10216 encontra-se a 150 pc da Terra e apresenta taxa de perda de massa da ordem de $3x10^{-5}$ $M_{\odot}$/ano, com velocidade de 14 km/s. Modelos sugerem que a mesma possuía uma massa inicial em torno de 4 $M_{\odot}$. As observações do seu envelope revelaram a presença de 71 compostos moleculares diferentes.

Por sua vez, dentre as velhas estrelas com envelopes oxigenados, o envoltório da supergigante vermelha VY CMa é o mais estudado, por se tratar da supergigante mais brilhante no infravermelho. Situa-se a uma distância de 1,1 kpc, possui luminosidade maior que 10^5 $L_{\odot}$ e apresenta taxa de perda de massa da ordem de $2x10^{-4}$ $M_{\odot}$/ano, com uma velocidade em torno de 40 km/s. Modelos divergem quanto ao valor de sua massa inicial. Estima-se que tenha tido uma massa inical em torno de 25 a 40 $M_{\odot}$. Devido ao seu estágio de evolução, ela pode se tornar uma supernova a qualquer momento. As observações de seu envelope mostraram 18 diferentes compostos moleculares.

As transições rotacionais de moléculas contendo metais foram observadas em envelopes ricos em carbono e, em particular, no envoltório da estrela IRC+10216. Nesse objeto, foram identificados nove compostos que contêm metais, a saber: NaCl, AlF, AlCl, KCl, AlNC, MgNC, MgCN, NaCN e o FeCN. As moléculas AlF, MgNC e NaCN também foram observadas na nebulosa proto-planetária CRL 2688, rica em carbono. Recentemente, três compostos contendo metais também foram observados no envoltório da estrela VY CMa. São eles o AlO, NaCl e AlOH. Em ambos os envelopes, os compostos mais simples são encontradas nas partes internas do envelope, enquanto que os mais complexos, exceto o NaCN, nas partes externas.

Transições eletrônicas do AlO e TiO foram observadas nas partes internas dos envoltórios de várias gigantes e supergigantes ricas em oxigênio, essencialmente na fotosfera, bem como transições eletrônicas dos compostos ScO e VO. A temperatura na fotosfera é em torno de 4000K e 3500K para as supergigantes e gigantes vermelhas, respectivamente, a qual decai com a distância à fotosfera e pode atingir 25 K nas bordas do envoltório.

Na parte interna do envelope circunstelar das gigantes e supergigantes vermelhas, o gás é relativamente denso ($\sim 10^{12}$–10^{13} partículas/cm^3) e quente (3500–1600K) e pressupõe-se que o equilíbrio termoquímico prevaleça.

Assumindo o equilíbrio termoquímico, a concentração das diferentes espécies é função apenas da temperatura, densidade e abundâncias químicas. Nesse caso, são usados valores tabelados da energia livre de Gibbs de formação para obter a abundância dos compostos moleculares. No entanto, tais modelos não conseguem reproduzir as abundâncias observadas dos compostos que contêm alumínio.

Para reproduzir as abundâncias dos compostos observados, o procedimento mais indicado consiste na solução de um sistema de equações químicas que envolvem todas as espécies relevantes (átomos, radicais, íons, moléculas e elétrons). Contudo, a maior parte dos coeficientes de taxa de formação e destruição dos compostos que contêm alumínio não são conhecidos e, consequentemente, os principais mecanismos de formação e destruição dos mesmos.

Um dos mecanismos de formação é a associação radiativa, cujos coeficientes de taxa não são conhecidos. Nesse sentido, foram calculados os coeficientes de taxa de formação do AlO, AlCl, AlF e AlN, em função da temperatura, pelo mecanismos mencionado, usando o método semi-clássico de Bates.

27

2 átomos	3 átomos	4 átomos	5 átomos	6 átomos	7 átomos
H_2	C_3	$c\text{-}C_3H$	C_5	C_5H	C_6H
AlF	C_2H	$l\text{-}C_3H$	C_4H	$l\text{-}H_2C_4$	CH_2CHCN
AlCl	C_2O	C_3N	C_4Si	C_2H_4	CH_3C_2H
C_2	C_2S	C_3O	$l\text{-}C_3H_2$	CH_3CN	HC_5N
CH	CH_2	C_3S	$c\text{-}C_3H_2$	CH_3NC	$HCOCH_3$
CH^+	HCN	C_2H_2	CH_2CN	CH_3OH	NH_2CH_3
CN	HCO	CH_2D^+	CH_4	CH_3SH	$c\text{-}C_2H_4O$
CO	HCO^+	HCCN	HC_3N	HC_3NH^+	CH_2CHOH
CO^+	HCS^+	$HCNH^+$	HC_2NC	HC_2CHO	
CP	HOC^+	HNCO	HCOOH	NH_2CHO	
CSi	H_2O	HNCS	H_2CHN	C_5N	
HCl	H_2S	$HOCO^+$	H_2C_2O		
KCl	HNC	H_2CO	H_2NCN		
NH	HNO	H_2CN	HNC_3		
NO	$MgCN$	H_2CS	SiH_4		
NS	$MgNC$	H_3O^+	H_2COH^+		
NaCl	N_2H^+	NH_3			
OH	N_2O	SiC_3			
PN	NaCN				
SO	OCS				
SO^+	SO_2				
SiN	$c\text{-}SiC_2$				
SiO	CO_2				
SiS	NH_2				
CS	H_3^+				
HF	SiCN				
SH	AlNC				
FeO					

8 átomos	9 átomos	10 átomos	11 átomos	13 átomos
CH_3C_3N	CH_3C_4H	CH_3C_5N	HC_9N	$HC_{11}N$
$HCOOCH_3$	CH_3CH_2CN	$(CH_3)_2CO$		
CH_3COOH	$(CH_3)_2O$	NH_2CH_2COOH		
C_7H	CH_3CH_2OH	CH_3CH_2CHO		
H_2C_6	HC_7N			
CH_2OHCHO	C_8H			
CH_2CHCHO				

Tabela 3.1: Moléculas observadas no meio interestelar de acordo com a sua complexidade *August 2004).*
Courtesy NRAO website: http://www.cv.nrao.edu/~awootten/allmols.html

CAPÍTULO 4

ASSOCIAÇÃO RADIATIVA

INTRODUÇÃO

A associação radiativa desempenha um papel importante na formação de moléculas em envelopes de estrelas evoluídas, restos de supernovas, novas, bem como em nuvens moleculares.

Porém, para estudar a formação de moléculas através da associação radiativa, devem-se conhecer alguns conceitos básicos sobre estrutura molecular.

4.1 ESTRUTURA MOLECULAR

4.1.1 SIMETRIA E NÚMEROS QUÂNTICOS

Para os átomos, se L é o número quântico que indica a soma vetorial do momento angular orbital de um estado eletrônico, e se S representa a soma vetorial do momento angular do spin do estado eletrônico, e se J representa o momento angular total do estado eletrônico, nesse caso, o símbolo para o seu estado é dado por $^{2S+1}L_J$. Porém, em vez de usar um valor numérico para L, usa-se uma letra para identificar o estado. As letras S, P, D, F, G, e assim por diante, representam os valores para L= 0, 1, 2, 3, ..., respectivamente. A quantidade 2S+1 é chamada de multiplicidade do estado.

Quando um átomo, caracterizado pelos números quânticos L_1 e S_1 se associa a outro, caracterizado por L_2 e S_2, os possíveis valores de L e S para a molécula diatômica formada são dados por L= L_1+L_2 até $|L_1$-$L_2|$ e S = S_1+S_2 até $|S_1$-$S_2|$, em incrementos unitários.

Para as moléculas, as forças atuantes nos elétrons são as resultantes das forças de atração e repulsão entre os núcleos atômicos e elétrons. Este fato implica na variação do spin eletrônico S. Em alguns aspectos, as moléculas diatômicas comportam-se como os átomos. Com uma diferença: a presença de dois núcleos que produzem um campo elétrico com simetria axial. Nessa configuração, a projeção do momento angular eletrônico M_L ao longo do eixo atômico é constante. Essa componente pode assumir os valores M_L=L, L-1, ..., -L. À medida que a intensidade do campo elétrico aumenta L precessa cada vez mais rápido em relação ao eixo central, perdendo seu significado como momento angular. Porém, sua projeção M_L permanece bem definida. Assim, é mais conveniente classificar os diferentes estados de energia de uma molécula diatômica de acordo com o valor de $|M_L|$, caracterizado pelo número quântico Λ. Para dados valores de M_{L_1} e M_{L_2} tem-se que:

$$\Lambda = \left| M_{L_1} + M_{L_2} \right| \text{ até } \left| M_{L_1} - M_{L_2} \right| = 0, 1, 2, 3, \ldots$$

De acordo com os valores de Λ = 0, 1, 2,..., os correspondentes estados moleculares são denominados por Σ, Π, Δ, Φ, ..., respectivamente, em analogia aos estados eletrônicos S, P, D, F, G, e assim por diante.

Os estados Π, Δ, Φ são degenerados, porque Λ pode assumir dois valores, $-M_L$ e M_L. O estado Σ é dito não degenerado, pois Λ = 0. Se a função de onda de um estado Σ não muda de sinal quando refletida em qualquer plano que passa pelos núcleos, o estado eletrônico é Σ^+, caso contrário, é Σ^-. Nesse caso, deve-se considerar também a soma $L_1 + L_2 + \Sigma l_1 + \Sigma l_2$. Se o resultado de tal soma for par, o número de estados Σ^+ será uma unidade maior que os Σ^-, caso contrario, o número de estados Σ^+ será uma unidade menor.

A projeção dos momentos angulares dos spins eletrônicos é caracterizada pelo número quântico Σ (não confundir com a designação do estado eletrônico Λ = 0), o qual pode assumir os valores Σ = S, S-1, S-2,..., -S.

Cada estado eletrônico é designado por $^{2S+1}\Lambda_\Omega$, onde Ω é a projeção do momento angular eletrônico total sobre o eixo internuclear, sendo dado pela soma de Λ e Σ. Para cada valor de Λ existem 2S+1 subníveis determinados por 2S+1 valores de Σ, esse resultado é denominado de multiplicidade dos estados eletrônicos. Esse valor é acrescido em sobrescrito à esquerda do símbolo do estado, o qual pode assumir os valores 1, 2, 3, etc.

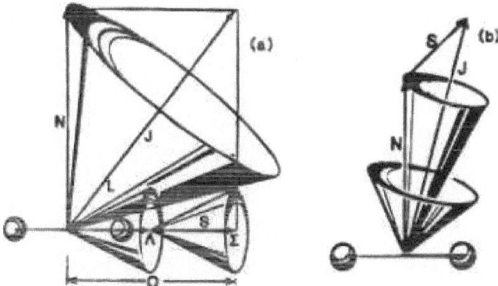

Figura 4.1: Esquema mostrando a resultante das forças de interação entre as moléculas diatômicas (retirada de http://astro1.panet.utoledo.edu).

Os estados eletrônicos das moléculas diatômicas são identificados por letras ou por números. Quando o estado é caracterizado teoricamente, o número 1 é usado para identificar o estado fundamental, o número 2 é usado para o primeiro estado excitado e assim por diante. Quando o estado é caracterizado em laboratório, a letra X é usada para indicar o estado fundamental e as letras A, B, C, assim por diante, são usadas para indicar estados excitados. Já para os estados com multiplicidade diferente do estado fundamental são atribuídas letras minúsculas.

As moléculas diatômicas homonucleares apresentam um centro de simetria, e as suas funções de onda podem ser simétricas ou anti-simétricas em relação a esse centro. Se um determinado estado eletrônico de uma molécula diatômica homonuclear é simétrico em relação ao centro de simetria, a denominação *gerade* (alemã para 'par') é aplicada, e a letra "g" é acrescentada como um subscrito à direita, no símbolo do estado, se não for, a letra "u" (*ungerade*) é usada.

Para transições entre estados eletrônicos nem todas as transições são permitidas. As regras de seleção são $\Delta\Lambda = 0,\pm1$, $\Delta S = 0$, $\Delta\Omega = 0,\pm1$ e para estados Σ, $+ \leftrightarrow +,- \leftrightarrow -$, mas não $+\leftrightarrow-$. Há uma restrição para as moléculas homonucleares. A simetria par-ímpar deve ser considerada. Somente as transições g-u e u-g são permitidas. As transições eletrônicas permitidas devem ter um momento de transição diferente de zero, como é dado na expressão: $M = \int \Psi^* \mu_e \Psi d\tau$, onde Ψ^* e Ψ são as funções de onda do sistema que nos interessa e μ_e é o operador do dipolo elétrico que define a interação entre a luz e a matéria.

4.2 A CURVA DE ENERGIA POTENCIAL

A energia potencial, U, na qual os núcleos de uma molécula diatômica se movem, pode ser descrita em função da distância internuclear. Nesse caso, um estado molecular ligado, ou fisicamente estável, exibe um mínimo em uma dada distância internuclear em relação à energia dos átomos separados ($r \to \infty$). A profundidade do poço de potencial contado a partir da assíntota de $U(r)$, com r tendendo a infinito, é chamada de energia de dissociação, D_e. Podem ocorrer estados fisicamente instáveis, conhecidos como estados repulsivos, nos quais a curva de energia potencial não apresenta um mínimo.

A curva de energia potencial representa a existência de uma força repulsiva para pequenas distâncias interatômicas e uma força atrativa para distâncias maiores. No entanto, se os dois átomos neutros se encontram separados por uma distância r, de modo que não haja uma apreciável superposição das suas distribuições de carga, então o potencial é atrativo e é dado por

$$U(r) = -\frac{\alpha_1 \alpha_2}{r^6} I \qquad (4.1)$$

sendo α_1 e α_2 as polarizabilidades dos dois átomos e I é a energia de ionização. Neste caso, o mecanismo envolvido é uma atração entre dipolos elétricos (força de van der Waals), que resulta de flutuações momentâneas da distribuição dos elétrons em cada um dos átomos. Essas dão origem a dipolos transitórios. Se esses átomos não estiverem unidos por ligações covalentes, o dipolo transitório de um dos átomos gerará, no outro, um dipolo antagônico. Então, ambos se atrairão.

Para as interações íon-partícula neutra, a grandes distâncias ocorre geralmente uma forte atração entre o íon e o dipolo induzido na espécie neutra, cuja energia de interação pode ser dada por

$$U(r) = -\frac{\alpha e^2}{2r^4} I \qquad (4.2)$$

As curvas de potencial dos diferentes estados moleculares eletrônicos podem ser obtidos usando-se a mecânica quântica. Revisões dos diferentes métodos empregados, chamados de *ab initio*, podem ser encontrados em Bauschlicher & Langoff (1990), Bruna e Peyerinhoff (1987) e Kryachko (1985).

Existem também várias expressões empíricas que descrevem a interação entre dois núcleos atômicos. Tais expressões foram apresentadas por Morse (1929), Hulbert-Hirschfelder (1941), Rosen-Morse (1932), Rydeberg (1931), Pölchl-Teller (1933), Linnet (1940), Frost-Musulin (1954), Varshni III (1959) e Lippincott (1961). De acordo com o estudo comparativo realizado por Steele e Lippincott, dentre essas expressões a que fornece melhores resultados é a função de Hulbert-Hirschfelder.

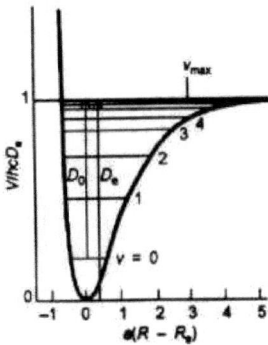

Figura 4.2: Curva de energia potencial para uma molécula AB qualquer, mostrando a energia de dissociação eletrônica D_e, tomada como a diferença de energia entre o fundo do poço e o limiar de dissociação. A energia de dissociação rotacional D_0, é uma medida de diferença entre a energia de dissociação molecular e a energia do estado fundamental vibracional (v=0), (retirada de http://astro1.panet.utoledo.edu/~ljc/chapq10.html).

4.2.1 O POTENCIAL HULBURT-HIRSCHFELDER

Qualquer forma aceitável para uma função de energia potencial deve apresentar um valor maior que a energia de ligação dos núcleos e um valor mínimo na distância de equilíbrio entre os núcleos e se aproximar da energia de dissociação à medida que os núcleos se distanciam.

Na separação a grandes distâncias, a inclinação da curva deve estar de acordo com a força de van der Waals. Há um grande número de funções que tratam dessa representação, dentre elas, a função de Morse é a mais útil e utilizada.

33

Uma função de três parâmetros apresenta todos os quesitos de uma boa função de potencial e ainda fornece os níveis de energia vibracional.

Para a maioria das moléculas diatômicas quatro constantes espectroscópicas são conhecidas e encontradas em tabelas covenientes. Além disso, as energias de dissociação são conhecidas a partir de dados termoquímicos ou espectroscópicos.

Dessa forma, Hulburt e Hirschfelder (1941) apresentaram uma função de potencial com cinco parâmetros que pode ser facilmente determinada a partir das constantes espectroscópicas

$$V(x) = D_e[(1 - e^{-x})^2 + cx^3e^{-2x}(1 + bx)], \qquad (4.3)$$

onde x é definido como

$$x = \left(\frac{\omega_e}{2(B_eD_e)^{\frac{1}{2}}}\right)\left(\frac{r-r_e}{r_e}\right), \qquad (4.4)$$

e as constantes b e c são determinadas pelas seguintes relações:

$$c = 1 + \left(-1 - \frac{\alpha_e\omega_e}{6B_e^2}\right)\left(\frac{4B_eD_e}{\omega_e^2}\right), \qquad (4.5)$$

$$b = 2 - \left(\frac{7}{12} - \frac{2D(B_eD_e)^{\frac{1}{2}}}{\omega_e}\left[\frac{5}{4}\left(-1 - \frac{\alpha_e\omega_e}{6B_e^2}\right)^2 - \frac{2}{3}\frac{\omega_ex_e}{B_e}\right]\right). \qquad (4.6)$$

sendo D_e a energia de dissociação espectroscópica, incluindo a energia do ponto zero, que está relacionada com a profundidade do poço, r_e a distância interatômica de equilíbrio e B_e, α_e, ω_e, ω_ex_e, e são as constantes moleculares.

4.3 ASSOCIAÇÃO RADIATIVA

A associação radiativa é o processo,

$$A + B \rightarrow AB^* \rightarrow AB + h\nu \qquad (4.7)$$

no qual duas espécies A e B se aproximam ao longo de uma curva de energia potencial particular em um estado molecular excitado, AB^*, o qual pode emitir um fóton, formando a molécula AB.

A taxa de ocorrência de tal processo pode ser expressa em termos do coeficiente de reação α, definido por

$$\frac{dn(AB)}{dt} = \alpha n(A)n(B) \qquad (4.8)$$

onde n denota a concentração das espécies indicadas.

Uma descrição semi-clássica desse processo foi apresentada por Bates (1951), a qual pode ser aplicada a colisões entre reagentes pesados, onde os efeitos quânticos não são relevantes. Nessa aproximação, as espécies A e B se encontram no continuo de um estado molecular excitado AB^*, o qual será representado por $U_{S(r)}$, sendo r à distância interatômica. A qualquer momento, esse composto instável pode relaxar para um estado de menor energia $U_{i(r)}$ ao emitir um fóton com energia $h\nu(r) = U_{S(r)} - U_{i(r)}$.

Há uma probabilidade finita, $A(r)$, de que ocorra a emissão espontânea do fóton dada por

$$A(r) = \frac{64\pi^4 g \nu^3(r)}{3hc^3} |D(r)|^2 \qquad (4.9)$$

onde $g = \dfrac{(2 - \delta_{0,\Lambda^s + \Lambda^i})}{2 - \delta_{0,\Lambda^s}}$ é o peso estatístico, $D(r)$ é o momento de dipolo em unidades atômicas e ν é frequência em cm^{-1}.

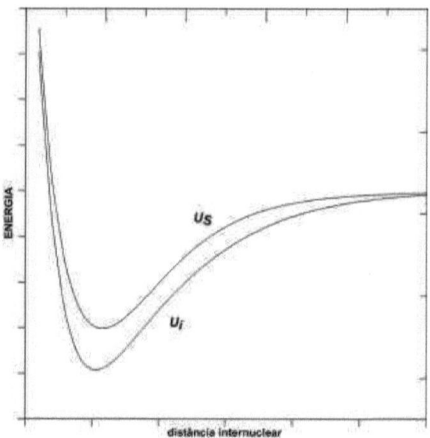

Figura 4.3: Curvas de potencial para os estados superior e inferior para a molécula AB.

Os átomos com spins S_a e S_b e momentos angulares L_a e L_b podem formar $g_{ab} = (2L_a + 1)(2S_a + 1)(2l_b + 1)(2S_b + 1)$ estados moleculares. Para a aproximação entre os dois átomos ao longo de uma curva de energia potencial, $U_{\Lambda S_S}$, com spin S e momento angular orbital eletrônico total superior, Λ^S, a probabilidade é dada por $p_{\Lambda S_S} = \dfrac{g_{\Lambda S_S}}{g_{ab}}$.

Assim, a probabilidade de que ocorra a associação radiativa de A e B é dada por

$$P_{\Lambda S_S} = p_{\Lambda S_S} \int A(r)dt \qquad (4.10)$$

onde, Λ^S e Λ^i são as projeções dos momentos angulares orbitais eletrônicos totais dos estados inferior (i) e superior (S), respectivamente.

Para ocorrer uma reação deve haver colisão entre as espécies. Uma colisão é um evento no qual uma força relativamente forte atua sobre cada uma das espécies envolvidas durante um intervalo de tempo relativamente curto ($\sim 10^{-14}$s). Essas forças são significativamente maiores que qualquer outra força externa durante a colisão. As leis da conservação de quantidade de movimento linear e da energia podem ser aplicadas, as quais permitem determinar a duração da colisão. A distância que impede que a colisão seja frontal é denominada parâmetro de impacto, b.

Visto que o movimento está contido num plano, é vantajoso usar as coordenadas polares r e θ. Assim sendo, as componentes da velocidade são dadas por $v_r = \frac{dr}{dt}$ e $v_\theta = \frac{rd\theta}{dt}$, logo,

$$v^2 = \left(\frac{dr}{dt}\right)^2 + r^2\left(\frac{d\theta}{dt}\right)^2. \tag{4.11}$$

A energia total é dada pela soma da energia cinética e a potencial,

$$E = \frac{\mu v^2}{2} + U_S(r). \tag{4.12}$$

Da conservação do momento angular tem-se: $L = \mu v b$. Manipulando as equações (4.11) e (4.12) e considerando $U_{S(r)} \to 0$ quando $r \to \infty$, obtem-se

$$dt = \left\{v^2\left(1 - \frac{b^2}{r^2} - \frac{U_S(r)}{E}\right)\right\}^{-\frac{1}{2}} dr. \tag{4.13}$$

Das equações (4.10) e (4.13), pode-se determinar a seção de choque, que é a área que mede a probabilidade de que a colisão entre as espécies ocorra, a qual é dada por

$$\sigma(E) = \sum_{\Lambda} s_S P_{\Lambda} s_S \sigma_{\Lambda} s_S(E). \tag{4.14}$$

onde,

$$\sigma_{\Lambda} u_S(E) = 4\pi g \left(\frac{\mu}{2E}\right)^{\frac{1}{2}} \int_0^\infty b\,db \int_{r_e}^\infty \frac{A(r)dr}{\left(1 - \left[\frac{U_{\Lambda} u_S(r)}{E}\right] - \frac{b^2}{r^2}\right)^{\frac{1}{2}}}. \tag{4.15}$$

sendo μ a massa reduzida (em unidades de massa atômica), g é a probabilidade de aproximação de uma partícula ao longo da curva de energia potencial, r_e é a distância de aproximação, $V_{\Lambda} u_S$ é a curva de energia de potencial e $A(r)$ é a probabilidade de transição.

Supondo que os átomos tenham uma distribuição de velocidade Maxwelliana, o coeficiente de taxa para a associação radiativa $\alpha(T)$ (em unidades de cm^3s^{-1}) e temperatura T é dado por

$$\alpha(T) = \left(\frac{8}{\mu\pi}\right)^{\frac{1}{2}} \left(\frac{1}{k_B T}\right)^{\frac{3}{2}} \int_0^\infty E\sigma(E) \exp\left(-\frac{E}{k_B T}\right) dE \ .$$

(4.16)

CAPÍTULO 5

RESULTADOS

5.1 FORMAÇÃO DO ALO, ALF, ALCL E ALN POR ASSOCIAÇÃO RADIATIVA

Os valores dos coeficientes de taxa de formação dos compostos AlO, AlF, AlCl e AlN foram estimados usando o método semi-clássico de Bates (1951), o qual pode ser aplicado à colisões que envolvem reagentes pesados. Para tanto, os momentos de transição eletrônica que permitem calcular as probabilidades de transição entre os diferentes estados moleculares, bem como as curvas de potencial devem ser conhecidos. Os momentos de transição eletrônica para as diferentes transições foram extraídas da literatura. As curvas de potencial quando não disponíveis na literatura foram modeladas usando-se a função de Hulburt-Hirschfelder (função HH).

5.1.1 MONÓXIDO DE ALUMÍNIO

A molécula de AlO foi detectada no envelope da supergigante VY CMa. De acordo com as observações, o AlO forma-se essencialmente na fotosfera da estrela.

Os átomos $Al(^2P)$ e $O(^3P)$, ambos em seus estados fundamentais, podem formar 54 estados eletrônicos, sendo 26 estados dubletos e 26 estados quartetos, com simetria Δ, $\Pi(2)$, Σ^- (2) e Σ^+. Todos esses estados foram identificados em estudos teóricos. Desses, apenas os estados $X^2\Sigma^+$, $A^2\Pi$ e $C^2\Pi$ foram observados em laboratório. O estado $X^2\Sigma^+$ é o estado fundamental. A energia de dissociação do AlO é 5,34 eV.

Os átomos $Al(^2P)$ e $O(^3P)$ podem se aproximar através de qualquer estado excitado e decair radiativamente para outro estado e formar o AlO, desde que a transição entre os estados seja permitida, isto é, que sejam respeitadas as regras de seleção: $\Delta\Lambda = 0,\pm1$, $\Delta S = 0$, $\Delta\Omega = 0,\pm1$ e para os estados Σ ,+ $\leftrightarrow$ +,− $\leftrightarrow$ −, mas não + $\leftrightarrow$ − . Assim sendo, os referidos átomos podem se aproximar ao longo dos estados excitados $A^2\Pi$ e $C^2\Pi$, os quais decaem radiativamente para o estado fundamental $X^2\Sigma^+$. O estado $C^2\Pi$ também pode decair para o estado $A^2\Pi$. A probabilidade de aproximação através dos estados $A^2\Pi$ e $C^2\Pi$ é 4/54 e o peso estatístico (g) é igual a 1,0.

Os valores dos momentos de transição eletrônica dos sistemas $A^2\Pi$ - $X^2\Sigma^+$, $C^2\Pi$ - $X^2\Sigma^+$ e $C^2\Pi$ - $A^2\Pi$ entre 3,5 a_0 a 4,2 a_0 foram extraídos de Zenouda (1999), os quais podem ser vistos na figura 5.2. Para o cálculo dos coeficientes de taxa de formação do AlO, através da associação radiativa de seus átomos constituintes, os momentos de dipolo devem ser conhecidos para todas as distâncias internucleares. Razão pela qual, os momentos de dipolo foram extrapolados usando-se as formas $\mu_{e(r)} = ar + br^2$ para pequenas distâncias e $\mu_{e(r)} = ce^{-dr}$ para grandes distâncias. As constantes a, b, c e d podem ser encontradas na Tabela 5.1.

Tabela 5.1: Constantes calculadas para os momentos de dipolos de AlO

	a	b	c	d
$A^2\Pi$ - $X^2\Sigma^+$	0,2042	0,03920	2,29	0,6471
$C^2\Pi$ - $X^2\Sigma^+$	0,6794	0,1688	2,3941	0,5196
$C^2\Pi$ - $A^2\Pi$	0,2268	0,0508	14,6958	1,2688

As curvas de energia potencial foram modeladas segundo a função HH e as constantes espectroscópicas necessárias para tal modelagem foram extraídas de Launila e Jonsson (1994), Saksena et al. (2008), as quais encontram-se na tabela abaixo. As curvas de energia potencial podem ser vistas na figura 5.1. Dessa figura, pode-se notar que os átomos de $Al(^2P)$ e $O(^3P)$ podem se aproximar ao longo do estado $X^2\Sigma^+$ e decair radiativamente para o estado $A^2\Pi$. No entanto, esperam-se valores de coeficientes muito pequenos.

Tabela 5.2: Constantes espectroscópicas para o AlO

Estado	cm^{-1}								Å
	T_e	ω_e	$\omega_e x_e$	$\omega_e y_e$	$\omega_e z_e$	B_e	α_e	D_e	r_e
$X^2\Sigma^+$	0	979,555	7.079	0.009	-	0,6431	0,005796	42994,40	1,618
$A^2\Pi$	5406,1	856	4,888	0,084	0,0039	0,5372	0,005801	37588,29	1,768
$C^2\Pi$	33108	979,524	4,261	-	-	0,6012	0,004221123	9886,40	1,671

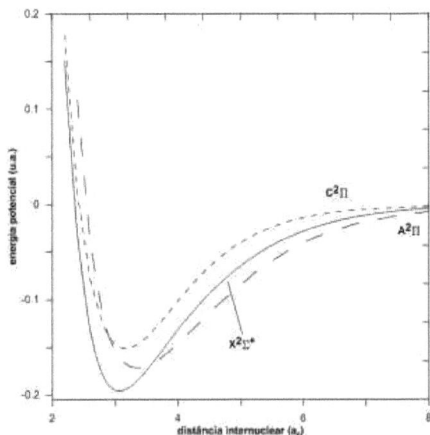

Figura 5.1: Curvas de energia potencia dos estados $X^2\Sigma^+$, $C^2\Pi$ e $A^2\Pi$ do AlO

Os coeficientes de taxa obtidos para as três transições analisadas encontram-se na tabela abaixo. Pode-se perceber que o sistema $A^2\Pi$–$X^2\Sigma^+$ é o que apresenta os maiores valores dos coeficientes de taxa. Esse resultado é consistente com os maiores valores dos momentos de dipolo, bem como com os maiores valores das frequências envolvidas nessa transição.

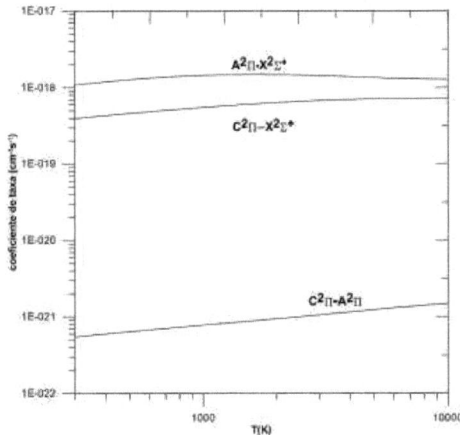

Figura 5.2: Coeficientes de taxa parciais para os sistemas do AlO

Tabela 5.3: Coeficiente para associação radiativa de Al + O $(cm^3 s^{-1})$

T(K)	300	700	1000	2000	3000	4000	5000	6500	8500	10500	12500	14000
$A^2\Pi - X^2\Sigma^+ (10^{-18})$	1,0862	1,3785	1,4514	1,4786	1,4359	1,3912	1,3552	1,3172	1,2909	1,2840	1,2917	1,3044
$C^2\Pi - A^2\Pi (10^{-21})$	0,5488	0,7064	0,7789	0,9407	1,0577	1,1549	1,2367	1,3342	1,4264	1,4870	1,5262	1,5459
$C^2\Pi - X^2\Sigma^+ (10^{-19})$	3,9761	5,0585	5,5200	6,3779	6,7996	7,0273	7,1512	7,2267	7,2245	7,1687	7,0914	7,0279
$\alpha (10^{-18})$	1,4844	1,8851	2,0042	2,1173	2,1169	2,0951	2,0716	2,0412	2,0148	2,0024	2,0024	2,0087

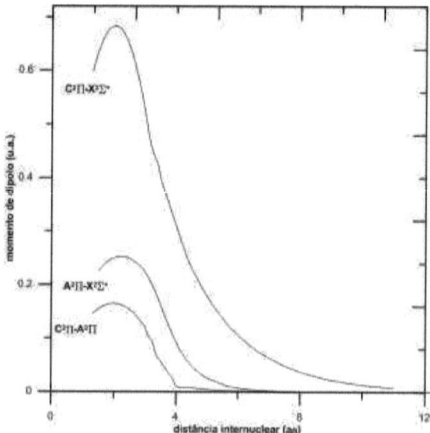

Figura 4.3: Momento de transição para o AlO

Os valores dos coeficientes de taxa total variam de $1,48 \times 10^{-19}$ a $2,00 \times 10^{-18}$ cm^{3}s^{-1}, para temperaturas entre 300 e 14.000 K, respectivamente, e podem se expressos por

$$\alpha(T) = \begin{cases} 2,45.10^{-18}\left(\dfrac{T}{300}\right)^{-0,05094} \exp\left(-\dfrac{129,36}{T}\right) & T \leq 1500 \\ 2,288.10^{-18}\left(\dfrac{T}{300}\right)^{-0,03612} \exp\left(-\dfrac{5,553}{T}\right) & T \geq 1600 \end{cases} \tag{5.1}$$

Os átomos de Al(^{2}P) e O(^{3}P) podem também se aproximar ao longo dos estados excitados G$^2\Delta$, G$'^2\Sigma^-$ e E$'^2\Sigma^-$ os quais podem decair radiativamente para o estado A$^2\Pi$. Os sistemas G$'$-A e G-A possuem momentos de transição muito pequenos, da ordem de 6x10^{-3} u.a. Por essa razão, os valores dos coeficientes de taxa de formação do AlO através desses sistemas também são muito pequenos. O estado E$'^2\Sigma^-$ possui uma barreira de potencial de ~0,9 eV em relação ao mínimo da sua curva de potencial. Esse mínimo, localiza-se 0,525 eV acima da energia de dissociação do AlO. Assim sendo, a contribuição desse estado na formação do AlO por associação radiativa também é pequena.

Os átomos de Al(^{2}P) e O(^{3}P) também podem se aproximar através dos estados quartetos. Na Literatura, não foram encontrados dados sobre os momentos de dipolo das transições entre os quartetos. As curvas de energia potencial dos quatro primeiros estados: $^4\Delta$, $^4\Sigma^-$ e $^4\Sigma^+$ possuem um mínimo. Isto é, são estados ligados, mas as transições entre eles são proibidas. O estado $^4\Pi$ também possui um mínimo, porém o mesmo está localizado em torno de 0,1 eV acima da energia de dissociação do AlO e possui uma barreira de potencial de ~0,72 eV. Portanto, a contribuição do estado $^4\Pi$ na formação do AlO por associação radiativa não deverá ultrapassar a dos sistemas dubletos. Os outros dois estados ($^4\Pi$ e $^4\Sigma^-$) são repulsivos.

5.1.2 CLORETO DE ALUMÍNIO

Em 1987, Cernicharo e Guélin identificaram a molécula de cloreto de aluminio (AlCl) no envelope da estrela gigante vermelha IRC+10216. Segundo suas observações, o AlCl se forma na fotosfera da estrela.

A união de um átomo de Al(^{2}P) e um átomo de Cl(^{2}P), ambos em seus estados fundamentais, podem formar 18 estados singletos e 18 tripletos, com simetria Δ, Π(2), Σ^+(2) e Σ^-. Dentre esses, os estados A$^1\Pi$, X$^1\Sigma^+$, a$^3\Pi$ e b$^3\Sigma^+$ foram observados em laboratório e outros foram caracterizados teoricamente. O estado fundamental é o X$^1\Sigma^+$. A energia de dissociação foi determinada experimentalmente e vale ~ 5,25 eV.

Os átomos de Al(^{2}P) e Cl(^{2}P) podem se aproximar ao longo do estado A^{1}Π, com uma probabilidade de 2/36. Esse estado pode decair radiativamente para o X^{1}Σ$^+$. As curvas de energia potencial desses estados e os momentos de dipolo foram calculados por Langhoff e Bauschlicher (1988), entre 2,4 e 50 a_0, e os mesmos podem ser vistos nas figuras 5.4 e 5.5. O estado A^{1}Π possui um barreira de potencial de ~ 0,2 eV em torno de 6,0 a_0. Por causa da barreira, os valores dos coeficientes de taxa caem em baixas temperaturas (Figura 5.6).

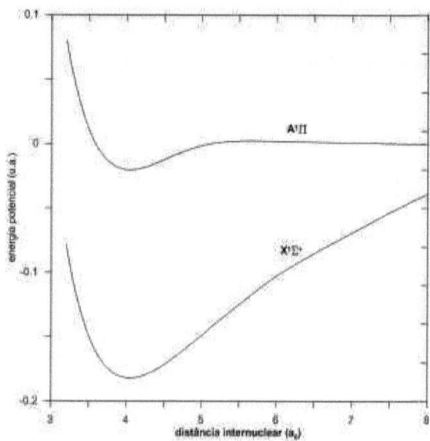

Figura 5.4: Curva de energia potencial em função da distância para o AlCl

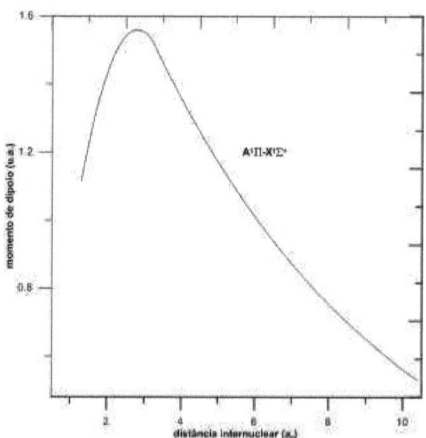

Figura 5.5: Momento de transição eletrônico do AlCl

44

Para temperaturas entre 300 e 14000 K, os valores dos coeficientes de taxa para a formação de AlCl podem ser vistos na figura 5.6, os quais variam de $0,1 \times 10^{-17}$ a $3,74 \times 10^{-16} cm^3 s^{-1}$ e podem ser aproximados pela expressão

$$\alpha(T) = 2.4971 x 10^{-16} \left(\frac{T}{300}\right)^{-0.1466} \exp\left(-\frac{1203.92}{T}\right)$$ (5.2)

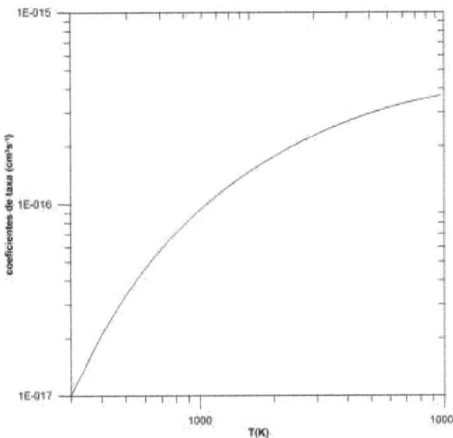

Figura 5.6: Coeficiente de taxa para o AlCl

A união dos átomos de $Al(^2P)$ e $Cl(^2P)$ pode ainda formar os seguintes estados singletos: $^1\Pi$, $^1\Sigma^+$, $^1\Sigma^-$ e $^1\Delta$. São todos repulsivos e sua contribuição na formação do AlCl por associação radiativa é desprezível.

O AlCl possui também seis estados tripletos: $a^3\Pi$, $2^3\Pi$, $b^3\Sigma^+$, $2^3\Sigma^+$, $1^3\Sigma^-$ e $1^3\Delta$. Os estados $2^3\Pi$, $2^3\Sigma^+$, $1^3\Sigma^-$ e $1^3\Delta$ são repulsivos. O estado $a^3\Pi$ é um estado ligado, já o estado $b^3\Sigma^+$, que se situa a 2,46 eV acima do $a^3\Pi$, apresenta um mínimo na sua curva de energia potencial em torno de 2 Å que é mantido por uma barreira de potencial de ~ 0,085 eV. Esse mínimo, localiza-se 0,25 eV acima da energia de dissociação. O momento de dipolo do sistema a-b foi calculado por Langhoff et al. (1988) e é igual a 0,45 a_0 na distância internuclear de equilíbrio. Comparando o valor do momento de dipolo do sistema a-b com aquele do sistema A-X, bem como as frequências de transição, pode-se afirmar que os valores dos coeficientes de taxa de formação do AlCl através do sistema a-b serão muito pequenos em relação aos do A-X.

5.1.3 FLUORETO DE ALUMÍNIO

A primeira tentativa de se observar a molécula de AlF foi realizada por Cernicharo e Guélin na estrela carbonada IRC+10216 por meio da espectroscopia de microondas em 1987. Mais tarde, Tenenbaum et al. (2010) confirmaram sua presença no envelope da mesma estrela.

A união de um átomo de $Al(^2P)$ e um átomo de $F(^2P)$, ambos em seus estados fundamentais, podem formar também 18 estados singletos e 18 tripletos, com simetria Δ, $\Pi(2)$, $\Sigma^+(2)$ e Σ^-. Dentre esses, os estados $A^1\Pi$, $X^1\Sigma^+$, $a^3\Pi$ e $b^3\Sigma^+$ foram observados em laboratório e outros foram caracterizados teoricamente. O estado fundamental é o $X^1\Sigma^+$. A energia de dissociação foi determinada experimentalmente e vale ~ 6,89 eV.

Os átomos de $Al(^2P)$ e $F(^2P)$ podem se aproximar ao longo do estado $A^1\Pi$, com uma probabilidade de 2/36, o qual pode decair radiativamente para o estado $X^1\Sigma^+$. As curvas de energia potencial desses estados e os momentos de dipolo foram calculados por Langhoff e Bauschlicher (1988), ambos entre 3,2 e 50 a_0, e podem ser vistos nas figuras 5.7 e 5.8. O estado $A^1\Pi$ apresenta uma barreira em 4,5 a_0 da ordem de ~ 0,08 eV.

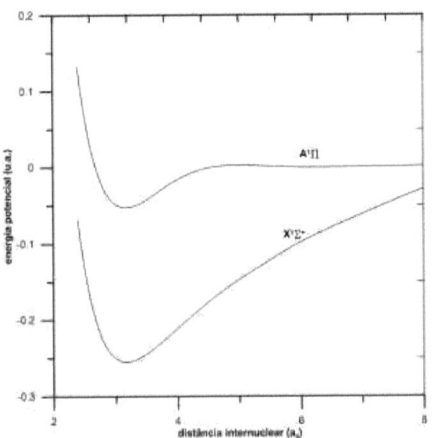

Figura 5.7: Curvas de potenciais para o AlF

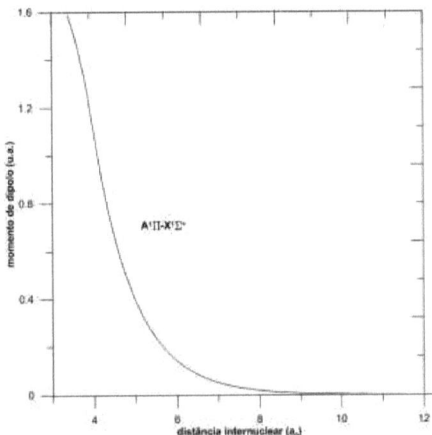

Figura 5.8: Momento de transição eletrônica

Para o intervalo de 300 a 14000K, os valores dos coeficientes de taxa para a formação de AlF vaiam de $1,35 \times 10^{-17}$ a $9,3 \times 10^{-16}$ cm^{3}s^{-1} e podem ser aproximados pela expressão

$$\alpha(T) = 4.737x10^{-16} \left(\frac{T}{300}\right)^{-0.2028} \exp\left(-\frac{1299.96}{T}\right) \qquad (5.3)$$

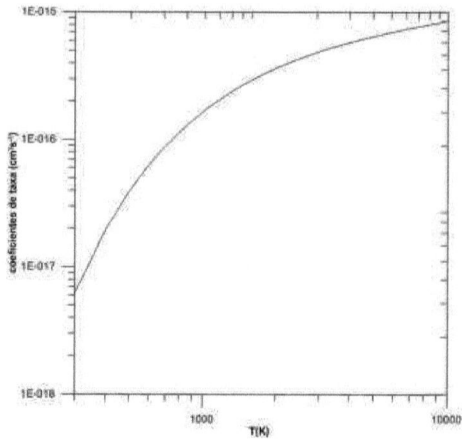

Figura 5.9: Coeficiente de taxa para o AlF

Os átomos de Al(^{2}P) e F(^{2}P) podem ainda formar os seguintes estados singletos: $^1\Pi$, $^1\Sigma^+$, $^1\Sigma^-$ e $^1\Delta$. Os três primeiros possuem mínimos em suas curvas de potencial que se situam muito acima da energia de dissociação, mantidos por barreiras de potencial elevadas, cujos valores são de difícil determinação. Os sistemas que apresentam grandes valores de momentos de dipolos são: $^1\Sigma^+$-X e $^1\Sigma^+$-A, cujos valores calculados na distância internuclear de equilíbrio são ligeiramente superiores aos do sistema A-X. Contudo, devido à localização do estado $^1\Sigma^+$ e sua grande barreira, provavelmente, a contribuição desse estado não deverá ultrapassar a da do estado A$^1\Pi$. O estado $^1\Sigma^-$ é repulsivo e sua contribuição na formação do AlF por associação radiativa é desprezível.

O AlF possui também seis estados tripletos: a$^3\Pi$, $2^3\Pi$, b$^3\Sigma^+$, $2^3\Sigma^+$, $1^3\Sigma^-$ e $1^3\Delta$. Os estados $2^3\Pi$, $2^3\Sigma^+$ e $1^3\Delta$ possuem mínimos situados acima da energia de dissociação do AlF, os quais são mantidos por grandes barreiras de potencial. O estado $1^3\Sigma^-$ é repulsivo. O estado a$^3\Pi$ é um estado ligado. O estado b$^3\Sigma^+$ apresenta um mínimo na sua curva de energia potencial, o qual está localizado um pouco acima da energia de dissociação e é mantido por uma grande barreira de potencial. O momento de dipolo do sistema a-b foi calculado por Langhoff et al. (1988) e é igual a 0,57 a_0 na distância internuclear de equilíbrio. Assim, comparando o valor do momento de dipolo do sistema a-b com aquele do sistema A-X, bem

48

como as frequências de transição envolvidas, pode-se concluir que os valores dos coeficientes de taxa de formação do AlCl através do sistema a-b são muito pequenos em relação aos do A-X.

5.1.4 NITRATO DE ALUMÍNIO

O acoplamento dos átomos de $Al(^2P)$ e $N(^4S)$ podem formar estados eletrônicos moleculares tripletos e quintetos, com simetria Π e Σ^-. Todos esses estados foram caracterizados teoricamente, somente o estado $^3\Pi$ foi observado em laboratório. A energia de dissociação do AlN vale 2,85 eV, obtida de evidências espectroscópicas.

A associação radiativa dos átomos de $Al(^2P)$ e $N(^4S)$ pode ocorrer através da aproximação ao longo do estado $A^3\Sigma^-$, com uma probabilidade de 3/24, o qual pode decair radiativamente para o estado $X^3\Pi$.

As curvas de energia potencial dos estados $A^3\Sigma^-$ e $X^3\Pi$ foram modeladas usando-se a função HH. Para construí-las, foram adotadas as constantes espectroscópicas de Ebben e ter Muelen para o estado $X^3\Pi$ e as de Clouthier et al. (2003) para o estado $A^3\Sigma^-$ (tabela 5.4). Essas curvas podem ser vistas na figura 5.10. Por sua vez, os momentos de dipolo para o sistema A-X foram calculados por Langhoff et al. (1988), entre 3,0 e 6,0 a_0, os quais encontram-se na figura 5.10. Os momentos de dipolo foram extrapolados usando as formas: $\mu_{e(r)} = 0,2203r - 0,03484r^2$ para pequenas distâncias internucleares e $\mu_e(r) = 0,9194e^{-0,31184r}$ para grandes distâncias.

Tabela 5.4: Constantes espectroscópicas para os estados $A^3\Sigma^-$ e $X^3\Pi$ do AlN

$X^3\Pi$				$A^3\Sigma^-$			
$r_e(A)$	$\omega_e(cm^{-1})$	$\omega_e x_e(cm^{-1})$	$T_e(cm^{-1})$	$r_e(A)$	$\omega_e(cm^{-1})$	$T_e(cm^{-1})$	$\omega_e x_e(cm^{-1})$
1,7864	758,4	5,7	0	1,944	604	161,315	5,2

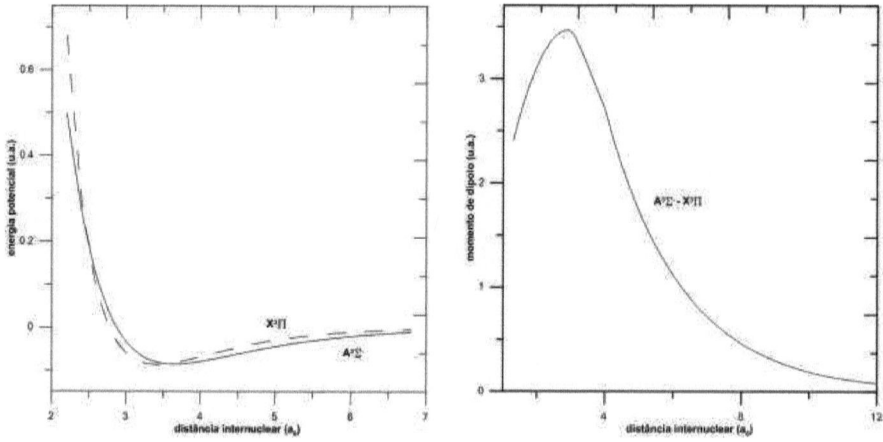

Figura 5.10: Curva de potencial e momento de transição eletrônica para AlN.

Para temperaturas entre 300 e 14000K, os valores coeficientes de taxa para formação ao AlN por associação radiativa variam de 1,69x10^{-21} a 3,20x10^{-21} cm^3 s^{-1} e pode ser expressos por

$$(T) = 7.259x10^{-21} \left(\frac{T}{300}\right)^{-0.238} \exp\left(-\frac{524.685}{T}\right) \tag{5.4}$$

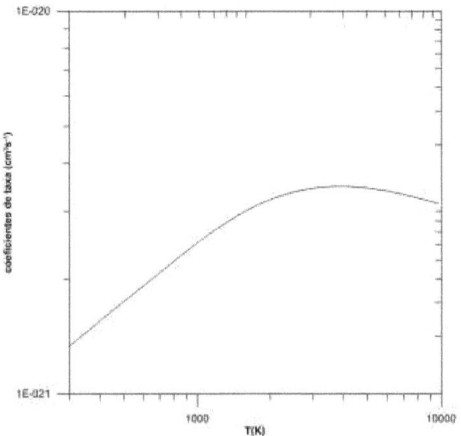

Figura 5.11: Coeficiente de taxa

5.2 DISCUSSÃO

Os compostos de alumínio AlO, AlF e AlCl foram detectados em envelopes de estrelas em estágios avançados de evolução. Por sua vez, o AlN não foi detectado nesses envelopes, mas foi extraído de grãos pré-solares de meteoritos. Esses grãos possuem uma composição isotópica completamente diferente daqueles formados dentro do Sistema Solar. Tal composição reflete a abundância dos diferentes elementos químicos dos ambientes astronômicos dos quais eles se originaram.

Os grãos pré-solares são compostos de material refratário, como grafite, carburetos (SiC, TiC, etc.), nitretos (Si$_3$N$_4$, etc.) e óxidos (Al$_2$O$_3$, MgAl$_2$O$_4$, etc.). De acordo com sua composição isotópica, eles se formaram em envelopes de estrelas em estágios avançados de evolução ou nas ejeções de supernovas ou novas.

Novas são explosões que ocorrem quando uma estrela começa a se expandir, devido à evolução natural, e parte do material cai sobre a companheira. Se a companheira estiver na sequência principal, não acontece outra coisa de maior efeito, mas se for uma anã branca, origina-se uma nova. Isto é, a queda súbita de muito material sobre a anã pode aumentar sua temperatura até atingir $2,0 - 3,0 \times 10^8$ K, disparando reações termonucleares. Essas explosões lançam uma grande quantidade de material ($\sim 2,0 \times 10^{-4} M_{\odot}$). A queima explosiva do H em

51

novas pode produzir grande quantidade de ^{26}Al e ^{15}N, bem como uma grande quantidade de ^{13}C.

Na figura 5.12 podem ser vistos os valores dos coeficientes de taxa de formação por associação radiativa de diferentes moléculas diatômicas, dentre elas, as que contêm alumínio. Pode-se observar que a formação do AlF pela associação radiativa tende a ocorrer mais rápido que AlCl, AlO e AlN. Pode-se observar também que a formação do AlF e AlCl é relativamente maior ao do SiC, CS, CO e SiN. Enquanto que para o AlO, sua formação por associação radiativa é apenas superior a do CS, SiN e AlN. Porém, a formação do AlN é a mais lenta.

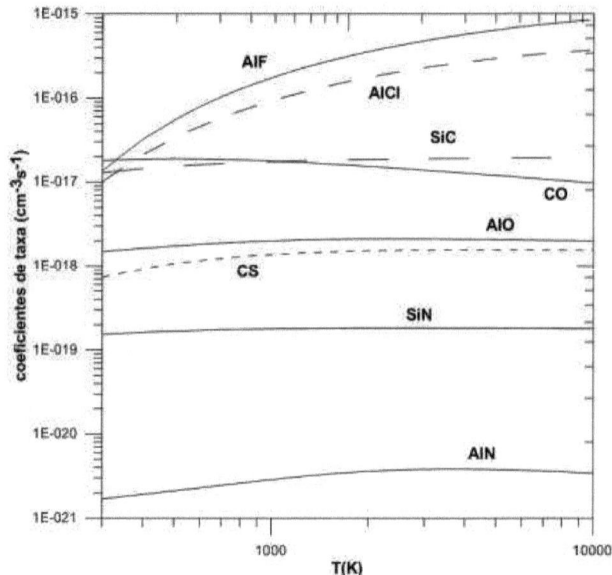

Figura 5.12: Comparativo entre os coeficientes de taxa

CAPÍTULO 6

CONCLUSÕES E PERSPECTIVAS FUTURAS

6.1 CONCLUSÕES

Neste trabalho, foram calculados os coeficientes de taxa de alguns compostos que contêm alumínio que foram observados em envelopes de gigantes ou supergigantes vermelhas ou extraídos de meteoritos.

Dentre os compostos estudados, pode-se verificar que a formação do AlF pela associação radiativa tende a ocorrer mais rápido que AlCl, AlO e AlN. Pode-se observar também que a formação do AlF e AlCl é relativamente maior ao do SiC, CS, CO e SiN. Enquanto que para o AlO, sua formação por associação radiativa é apenas superior a do CS, SiN e AlN. Porém, a formação do AlN é a mais lenta.

Pode-se concluir que a formação, principalmente do AlN, por associação radiativa é bastante ineficiente nos envelopes das gigantes ou supergigantes, onde outros processos químicos devem ser considerados em sua formação.

6.2 PERSPECTIVAS FUTURAS

Compostos que contêm carbono, silício e enxofre foram detectados em envelopes de gigantes e supergigantes, bem como em ejetos de novas e supernovas. Nesse sentido, para um estudo completo da síntese dos compostos que possuem alumínio nesses ambientes, outras espécies devem ser consideradas, principalmente, AlS, AlC e AlSi, cujos coeficientes de formação por associação radiativa não são conhecidos. Assim sendo, um estudo dos valores dos coeficientes de taxa de formação por associação radiativa é também de grande interesse.

REFERENCIAS

AGÚNDEZ, M.; CERNICHARO, J. Oxygen Chemistry in the Circumstellar Envelope of the Carbon-Rich Star IRC +10216. **The Astrophysical Journal**, v. 650, p. 374 – 393, 2006.

ANDERS, E.; GREVESSE, N. Abundances of the elements. **Meteoritic and solar Geochimica et Cosmochimica Acta**, v. 53, p. 197 – 214, 1989.

ANDREAZZA C. M., MARINHO E. P. Silicon monosulphide radiative association. **Month Notices of the Royal Astronomical Society**, v.380, p.365-368, 2007.

ANDREAZZA C. M., SINGH P. D., SANZOVO G. C. The radiative association of C and S, C^+ and S, Si and O, and Si^+ and O. **The Astrophisical Journal**, v.451, p.889-893, 1995.

ANDREAZZA C. M.; VICHIETTI, R. M.; MARINHO E. P. Formation of SiC by radiative association. **Month Notices of the Royal Astronomical Society**, v.400, p.1892-1896, 2009.

ANDREAZZA, C. M. **Síntese de espécies moleculares em meios astrofísicos**. 1996. 161f. Tese (Doutorado) – Departamento de Astronomia, Instituto Astronômico e Geofísico, Universidade de São Paulo, São Paulo, 1996.

BACHILLER, R.; FORVEILLE, T.; HUGGINS, P. J.; COX, P. The chemical evolution of planetary nebulae. **Astronomy and Astrophysics**, v.324, p.1123 – 1134, 1997.

BACHILLER, R.; FUENTE, A.; BUJARRABAL, V.; COLOMER, F.; LOUP, C.; OMONT, A.; DE JONG, T. A survey of CN in circumstellar envelopes. **Astronomy and Astrophysics**, v. 319, p. 235 – 243, 1997.

BARNBAUM, C.; OMONT, A.; MORRIS, M. The um usual circumstellar environment of the evolved star, U Equulei. Astronomy and Astrophysics, v.310, p.259-270.

BATES, D. R. **Molecular Astrophysics**. Cambridge: Cambridge University Press, 1990.

BATES, D. R. Rate formation of molecules by radioactive association. **Month Notices of the Royal Astronomical Society**, v.111, p.303-314, 1951.

BIEGING, J. H.; SHAKED, S.; GENSHEIMER, P. D. Submillimeter- and Millimeter-Wavelength Observations of SiO and HCN in Circumstellar Envelopes of AGB Stars. **The Astrophysical Journal**, v. 543, p. 897 – 921, 1993.

BIEGING, J. H.; TAFALLA, M. The distribution of molecules in the circumstellar envelope of IRC + 10216 - HC3N, C3N, and SiC. **Astronomical Journal**, v. 105, p. 576 – 594, 1993.

BLOECKER, T. Stellar evolution of low and intermediate-mass stars. II. Post-AGB evolution. **Astronomy and Astrophysics**, v. 299, p. 755 – 759, 1995.

BODENHEIMER, P. The basic physics of star formation Star Formation in Stellar Systems, Proceedings of the III Canary Islands Winter School of Astrophysics. **Edited by G. Tenorio-Tagle, M. Prieto, and F. Sanchez. Cambridge: University of Cambridge Press**, 1992.

BOOTHROYD A.I. Heavy elements in stars. **Science**, v. 314, p. 1690–1691, 2006.

BRITES, V.; HAMMOUTÈNE, D.; HOCHLAF, M. Accurate ab initio spin orbit predissociation lifetimes of the A states of SH and SH+. **Journal of Physics B: Atomic, Molecular, and Optical Physics**, v. 41, p. 045101, 2008.

BUJARRABAL, V.; FUENTE, A. Molecular observations of O- and C-rich circumstellar envelopes. **Astronomy and Astrophysics**, v. 285, p. 247 – 271, 1994.

CAMIEL, W. H.; DE LOORE, C. D. Structure and evolution of single and binary stars. In Camiel W. H. de Loore. V. 179 of **Astrophysics and space science library**. Springer. p. 95–97, 1992.

CERNICHARO J.; GUELIN M. Metals in IRC+10216 - Detection of NaCl, AlCl, and KCl and tentative detection of AlF, Astronomy & Astrophysics, v. 183, p. L10-L12, 1987.

CERNICHARO, J., **Physics of star formation and early stellar evolution**. Kluwer: Dordrecht, 1991.

CERNICHARO, J.; GUÉLIN, M. The physical and chemical state of HCL$_2$. **Astronomy and Astrophysics**, v. 176, p. 299-316, 1987.

CERNICHARO, J.; GUELIN, M. Metals in IRC+10216 - Detection of NaCl, AlCl, and KCl, and tentative detection of AlF. **Astronomy and Astrophysics**, v. 183, p. L10-L12, 1987.

CHERCHENEFF, I. M. Polycyclic aromatic hydrocarbon radiative properties and formation in carbon-rich stellar outflows. **Ph.D. Thesis Michigan Univ., Ann Arbor.**, 1991.

CHERCHNEFF, I. A chemical study of the inner winds of asymptotic giant branch stars. **Astronomy and Astrophysics.** v. 456, p. 1001 – 1012, 2006.

CLEMENS D., KRAEMER K., CIARDI D. First detection of magnetic fields in a dark cloud from space: ISO far-infrared polarimetry observations of GF9, ISO Polarimetry observations. Eds. R.J. Laureijs e R. Siebenmorgen, v. 435, p. 7-10, 1999.

CLOUTHIER, CHRISTOPHER M.; GREIN, FRIEDRICH; BRUNA, PABLO J. MRCI studies on the electronic structure of AlN and AlN⁻, and the electron affinity of AlN. Journal of Molecular Spectroscopy, v. 219, p. 58-64, 2003.

COOLIDGE, A. S.; JAMES, H. M.; VERNON, E. L. On the determination of molecular potential curves form spectroscopic data. **Physical Review**, v.54, p.726-738, 1938.

COX, D. P.; SMITH, B. W. Large-scale effects of supernova remnants on the Galaxy: generation and maintenance of a hot network of tunnels. **Astrophysical Journal**, v. 189, p. L105-L108, 1974.

COX, P.; LUCAS, R.; HUGGINS, P. J.; FORVEILLE, T.; BACHILLER, R.; GUILLOTEAU, S.; MAILLARD, J. P.; OMONT, A. Multiple molecular outflows in AFGL 2688. **Astronomy and Astrophysics**, v. 353, p. L25 - L28, 2000.

CRISTALLO, S.; STRANIERO, O.; GALLINO R.; PIERSANTI, R.; DOM´INGUEZ, I.; LEDERER, M. T. Evolution, nucleosynthesis, and yields of low-mass asymptotic giant branch stars at different metallicities. **The Astrophysical journal**, v.696, p.797-920, 2009.

DALGARNO, A. **Chemistry in Space.** Kluwer: Dordrecht, 1991.

DALGARNO, A. **Dissociative Recombination.** New York: Plenum Press, 1993.

DEARDEN, D. V.; JOHNSON III, R. D.; HUDGENS, J. W. Aluminum monochloride excited states observed by resonance-enhanced multiphoton ionization spectroscopy. **Journal of Chemical Physical**, v. 10, p.7521-7528, 1993.

DECIN, L.; CHERCHNEFF, I.; HONY, S.; DEHAES, S.; DE BREUCK, C.; MENTEN; DUARI, D., CHERCHNEFF, I., WILLACY, K. Carbon molecules in the inner wind of the oxygen-rich Mira IK Tauri. **Astronomy and Astrophysics**, v. 341, p. L47 - L50, 1999.

DESPAIN, K. H. Convective neutron and s-process element production in deeply mixed envelopes. **The Astrophysical Journal**, v. 212, p. 774-790, 1977.

DI FRANCESCO, J. et al. **An observational perspective of low-mass dense cores I: internal physical and chemical properties**. Protostars and Planets V., 2006.

DULEY, W. W.; WILLIAMS, D. A. **Interstellar Chemistry**. London: Academic Press, 1984.

DUNHAM, J. L. The energy levels of a rotating vibrator. **Physical Review**, v. 41, p. 721-731, 1932.

DUNHAM, J. L. The Wentzel-Brillouin-Kramers method of solving the wave equation. **Physical Review**, v. 41, p. 713-719, 1932.

FALLSCHEER, C.; BEUTHER, H.; ZHANG, Q.; KETO, E.; SRIDHARAN, T. K. Rotational structure and outflow in the infrared dark cloud 18223-3. **Astronomy and Astrophysics**, v. 504, p. 127 – 137, 2009.

FEAST, M. W. The long period variables. **Monthly Notices of the Royal Astronomical Society**, v. 125, p. 367, 1963.

FEAST, M. W.; WALKER, A. R. Cepheids as distance indicators. **IN: Annual review of astronomy and astrophysics**. v. 25, Palo Alto, CA, Annual Reviews, Inc., p. 345 – 375, 1987.

FLOWER, D. R. Rotational excitation of HCO^+ by H_2. **Monthly Notices of the Royal Astronomical Society**, v. 305, p. 651 – 653, 1999.

FLOWER, D. R. The rotational excitation of CO by H_2. **Journal of Physics B: Atomic, Molecular, and Optical Physics**, v. 34, p. 2731 – 2738, 2001.

FORD, K. E. S.; NEUFELD, D. A.; SCHILKE, P.; MELNICK, G. J. Detection of Formaldehyde toward the Extreme Carbon Star IRC +10216. **The Astrophysical Journal**, v. 614, p. 990 – 1006, 2004.

FORESTINI, M.; CHARBONNEL, C. Nucleosynthesis of light elements inside thermally pulsing AGB stars: I. The case of intermediate-mass stars. **A & A Supplement series**, v. 123, 241 – 272, 1997.

FORESTINI, M.; GORIELY, S.; JORISSEN, A.; ARNOULD, M. Fluorine production in thermal pulses on the asymptotic giant branch. **Astronomy and Astrophysics**, v. 261, n° 1, p. 157 – 163, 1992.

FORESTINI, M.; GUÉLIN, M.; CERNICHARO, J. ^{14}C in AGB stars: the case of IRC+10216. **Astronomy and Astrophysics**, v. 317, p. 883-888, 1997.

FURUYA, R. S.; KITAMURA, Y.; SHINNAGA, H. The initial conditions for gravitational collapse of a core: an extremely young low-mass class 0 protostar. **The Astrophysical Journal**, v.653, p. 1369 – 1390, 2006.

GEARHART, R. A.; WHEELER, J. C.; SWARTZ, D. A. Carbon Monoxide Formation in SN 1987. **ApJ**, v. 510, p. 944, 1999.

GIELEN, C.; CAMI, J.; BOUWMAN, J.; PEETERS, E.; MIN, M. Carbonaceous molecules in the oxygen-rich circumstellar environment of binary post-AGB stars. C_{60} fullerenes and polycyclic aromatic hydrocarbons. **Astronomy & Astrophysics**, v. 536, p. 54, 2011.

GILLETT, F. C.; STEIN, W. A.; SOLOMON, P. M. The Spectrum of VY Canis Major is from 2.9 to 14 Microns. **Astrophysical Journal**, vol. 160, p. L173, 1970.

GLASSGOLD, A. E. Circumstellar Photochemistry. **Annual Review of Astronomy and Astrophysics**, v. 34, p. 241 – 278, 1996.

GORIELY, S.; MOWLAVI, N. Neutron-capture nucleosynthesis in AGB stars. **Astronomy and Astrophysics**, v. 362, p. 599 – 614, 2000.

GREEN, S.; THADDEUS, P. Rotational Excitation of HCN by Collisions. **Astrophysical Journal**, v. 191, p. 653 – 658, 1974.

GUÉLIN, M.; LUCAS, R.; NERI, R. Mass loss in AGB stars. **International Astronomical Union Symposium**, n°. 170, p. 359 – 366, 1997.

HABING, H. J. Circumstellar envelopes and Asymptotic Giant Branch stars. **The Astronomy and Astrophysics Review**, v. 7, p.97 – 207, 1996.

HEDDERICH, H. G.; DULICK, M.; BERNATHB, P. F. High resolution emission spectroscopic of AlCl to 20μ. **Journal of Chemical Physical**, v. 99, p. 8363-8370, 1993.

HERBST, E. **Interstellar Processes**. Reidel: Dordrecht, 1987.

HERPIN, F.; GOICOECHEA, J. R.; PARDO, J. R.; CERNICHARO, J. Chemical evolution of the circumstellar envelopes of carbon-rich post-asymptotic giant branch objects. **The Astrophysical Journal**, vol. 577, p. 961-973, 2002.

HERWIG F. Evolution of asymptotic giant branch stars, **Annu.Rev. Astron. Astrophysics**, v. 43, p. 435 – 479, 2005.

HERZBERG G., **Molecular Spectra and Molecular Structure. I. Spectra of Diatomic Molecules**. Van Nostrand Reinhold, London, 1950.

HIGHBERGER, J. L.; SAVAGE, C.; BIEGING, J. H.; ZIURYS, L. M. Heavy-Metal Chemistry in Proto-Planetary Nebulae: Detection of MgNC, NaCN, and AlF toward CRL 2688. **The Astrophysical Journal**, v. 562, p. 790 – 798, 2000.

HIGHBERGER, J. L.; SAVAGE, C.; BIEGING, J. H.; ZIURYS, L.M. Heavy-Metal Chemistry in Proto-Planetary Nebulae: Detection of MgNC, NaCN, an AlF toward CRL 2688". **The Astrophysical Journal**, v. 562, p. 790-798, 2001.

HJALMARSON, A.; FRIBERG, P. **Formation and evolution of low mass stars.** Dordrecht: D. Reidel, 1988.

HOLLAUER, E. **Química Quântica**. Livros técnicos e Científicos, 2008.

HULBURT, H. M., HIRSCHFELDER, J. O. Potential energy functions for diatomic molecules. **Journal of Chemical Physics**, v. 9, p. 61-69, 1941.

HUMPHREYS, R. M.; DAVIDSON, K.; RUCH, G.; WALLERSTEIN, G. High-Resolution, Long-Slit Spectroscopy of VY Canis Majoris: The Evidence for Localized High Mass Loss Events. **The Astronomical Journal**, v. 129, p. 492 – 510, 2005.

HUMPHREYS, R. M.; HELTON, L. A.; JONES, T. J. The Three-Dimensional Morphology of VY Canis Majoris. I. The Kinematics of the Ejecta. **The Astronomical Journal**, v. 133, p. 2716 – 2729, 2007.

JESSOP, N. E.; WARD-THOMPSON, D. A far-infrared survey of molecular cloud cores, **Monthly Notices of the Royal Astronomical Society**, v. 311, p. 63 – 74, 2000.

JESSOP, N. E.; WARD-THOMPSON, D. The initial conditions of isolated star formation - IV. C18O observations and modelling of the pre-stellar core L1689B. **Monthly Notices of the Royal Astronomical Society**, v. 323, p. 1025 – 1034, 2001.

JURA, M.; KLEINMANN, S. G. Dust-enshrouded asymptotic giant branch stars in the solar neighborhood. **Astrophysical Journal, Part 1**, v. 341, p. 359 – 366, 1989.

JURA, M.; KLEINMANN, S. G., Oxygen-rich semiregular and irregular variables. **Astrophysical Journal Supplement Series**, v. 83, n°. 2, p. 329 – 349, 1992.

JUSTTANONT, K., et al. W Hya through the eye of Odin. Satellite observations of circumstellar submillimetre H_2O line emission. **Astronomy and Astrophysics**, v. 439, p. 627 – 633, 2005.

JUSTTANONT, K.; SKINNER, C. J.; TIELENS, A. G. G. M. Molecular rotational line profiles from oxygen-rich red giant winds. **Astrophysical Journal, Part 1**, v. 435, n°. 2, p. 852 – 863, 1994.

K. M. Detection of "parent'" molecules from the inner wind of AGB stars as tracers of non-equilibrium chemistry. **Astronomy and Astrophysics**, v. 480, p. 431 – 438, 2009.

KALEMOS, A.; MAVRIDIS, A. Ab initio study of the electronic structure and bonding of aluminum nitride. **Journal of Chemical Physical A**, v. 111, p. 11221-11231, 2007.

KEADY, J. J.; RIDGWAY, S. T. The IRC + 10216 circumstellar envelope. III - Infrared molecular line profiles. **Astrophysical Journal, Part 1**, v. 406, n°. 1, p. 199 – 214, 1993.

KEMPER, F.; STARK, R.; JUSTTANONT, K.; DE KOTER, A.; TIELENS, A. G. G. M.; WATERS, L. B. F. M.; CAMI, J.; DIJKSTRA, C. Mass loss and rotational CO emission from Asymptotic Giant Branch stars. **Astronomy and Astrophysics**, v. 407, p. 609 – 629, 2003.

KERSCHBAUM, F.; OLOFSSON, H. Oxygen-rich semiregular and irregular variables. A catalogue of circumstellar CO observations. **Astronomy and Astrophysics Supplement**, v. 138, p. 299 – 322, 1999.

KNAPP, G. R.; YOUNG, K.; LEE, E.; JORISSEN, A. Multiple Molecular Winds in Evolved Stars. I. A Survey of CO (2-1) and CO (3-2) Emission from 45 Nearby AGB Stars. **Astrophysical Journal Supplement** v. 117, p. 209, 1998.

KRANE, K.S. Introductory Nuclear Physics. **John Wiley & Sons**, New York, p.537, 1988.

KRAUTTER, J. The Asymmetric Nebula Surrounding the Extreme Red Supergiant Vy Canis Majoris. **The Astronomical Journal**, v. 121, p. 1111 – 1125, 2001.

LADA, E.A. Evolution of Circumstellar Disks in Young Stellar. **Clusters American Astronomical Society Meeting, 202, #24.06**; Bulletin of the American Astronomical Society, v. 35, p.730, 2003.

LANGHOFF, S. R.; BAUSCHLICHER, C. W. Theoretical studies of AlF, AlCl e AlBr. **Journal of Chemical Physics**, v. 88, p. 5715-5725, 1988.

LAUNILA, O.; JONSSON, J. Spectroscopy of AlO: Rotational Analysis of the $A^2\Pi_i$-$X^2\Sigma^+$ Transition in the 2-μm Region. **Journal of Molecular Spectroscopy**, v. 168, p. 1-38, 1994.

LIM, J.,CARILLI; C. L.; WHITE, S. M.; BEASLEY, A. J.; MARSON, R. G. Large convection cells as the source of Betelgeuse's extended atmosphere. **Nature**, v. 392, p. 575 – 577, 1998.

LINDQVIST, M.; NYMAN, L. Å.; OLOFSSON, H.; WINNBERG, A. Carbon-bearing molecules and SiS in oxygen-rich circumstellar envelopes. **Astronomy and Astrophysics**, v. 205, nᵒ. 1 – 2, p. L15 - L18, 1988.

LINDQVIST, M.; OLOFSSON, H.; WINNBERG, A.; NYMAN, L. Å. Carbon-bearing molecules in the envelopes around oxygen-rich stars - First detection of formaldehyde in an oxygen-rich circumstellar envelope. **Astronomy and Astrophysics**, v. 263, nᵒ. 1 – 2, p. 183 – 189, 1992.

LOUGHIN, S.; FRENCH, R. H.; CHING, W. Y.; XU, Y. N.; SLACK, G. A. Electronic structure of aluminum nitride: theory and experiment. **Applied Physics Letters**, v. 63, p. 1182-1184, 1993.

MACIEL, W. **Astronomia & astrofísica**. São Paulo: EdUSP, 1991.

MACIEL, W. J. **Astrofísica do meio interestelar.** São Paulo: EdUSP, 2002.

MACIEL, W. J. **Introdução à estrutura e evolução estelar.** São Paulo: EdUSP, 1999.

MACIEL, W. J. **Hidrodinâmica e ventos circunstelares: uma introdução.** São Paulo: EdUSP, 2005.

MAMON, G. A.; GLASSGOLD, A. E.; OMONT, A. Photochemistry and molecular ions in oxygen-rich circumstellar envelopes. **Astrophysical Journal Part 1,** v. 323, p. 306 -315, 1987.

MARVEL, K. B.; No Methane Here. The HCN Puzzle: Searching for CH_3OH and C_2H in Oxygen-rich Stars. **The Astronomical Journal,** v. 130, p. 261 – 268, 2005.

MELNICK, G. J.; NEUFELD, D. A.; FORD, K. E. S.; HOLLENBACH, D. J.; ASHBY, M. L. N. Discovery of water vapour around IRC+10216 as evidence for comets orbiting another star. **Nature,** v. 412, p. 160 – 163, 2001.

MEN'SHCHIKOV, A. B.; HOFMANN, K.-H.; WEIGELT, G. IRC+10216 in action: Present episode of intense mass-loss reconstructed by two-dimensional radiative transfer modeling. **Astronomy and Astrophysics,** v.392, p.921-929, 2002.

MEYER, D. M.; JURA, M.; HAWKINS, I.; CARDELLI, J. A. The abundance of interstellar oxygen toward Orion: Evidence for recent infall?. **Astrophysical Journal, Part 2 – Letters,** v. 437, n°. 1, p. L59 - L61, 1994.

MILAM, S. N.; APPONI, A. J.; WOOLF, N. J.; ZIURYS, L. M. Oxygen-rich Mass Loss with a Pinch of Salt: NaCl in the Circumstellar Gas of IK Tauri and VY Canis Majoris. **The Astrophysical Journal,** v. 668, p. L131 - L134, 2007.

MILAM, S. N.; WOOLF, N. J.; ZIURYS, L. M. Circumstellar $^{12}C/^{13}C$ Isotope Ratios from Millimeter Observations of CN and CO: Mixing in Carbon - and Oxygen-Rich Stars. **The Astrophysical Journal,** v. 690, p. 837 – 849, 2009.

MONNIER, J. D.; et al. Nonuniform Dust Outflow Observed around Infrared Object NML Cygni. **Astrophysical Journal** v. 481, p. 420 – 432, 1997.

MORSE, P. M. Diatomic Molecules according to the wave mechanics II: Vibrational levels. **Physical Review,** v. 34, p. 57-63.

MORSE, P. M.; STUECKELBER, E. C. G. Diatomic Molecules according to the wave mechanics I: electronic levels of the hydrogen molecular ion. **Physical Review**, v. 33, p. 932-946, 1929.

MORSE, P. M.; YOUNG, L. A.; HAURWITZ, E. S. Tabels for determing atomic wave functions and energies. **Physical Review**, v. 48, p. 948-954, 1935.

MULLER, S.; DINH-V-TRUNG; HE, J.; LIM, J. Distribution and Kinematics of the HCN (3-2) Emission Down to the Innermost Region in the Envelope of the O-rich Star W Hydrae. **The Astrophysical Journal**, v. 684, p. L33 - L36, 2008.

MULLER, S.; DINH-V-TRUNG; LIM, J.; HIRANO, N.; MUTHU, C.; KWOK, S. The Molecular Envelope around the Red Supergiant VY CMa. **The Astrophysical Journal**, v. 656, p. 1109 – 1120, 2007.

NAKASHIMA, J.; DEGUCHI, S. BIMA Array Observations of the Highly Unusual SiO Maser Source with a Bipolar Nebulosity IRAS 19312+1950. **The Astrophysical Journal**, v. 633, p. 282 – 294, 2005.

NEJAD, L. A. M.; MILLAR, T. J. Chemical modelling of molecular sources. VI - Carbon-bearing molecules in oxygen-rich circumstellar envelopes. **Monthly Notices of the Royal Astronomical Society**, v. 230, p. 79 – 86, 1988.

NERCESSIAN, E.; OMONT, A.; BENAYOUN, J. J.; GUILLOTEAU, S. HCN emission and nitrogen-bearing molecules in oxygen-rich circumstellar envelopes. **Astronomy and Astrophysics**, vol. 210, n°. 1-2, p. 225 – 235, 1989.

NETZER, N.; ELITZUR, M. The dynamics of stellar outflows dominated by interaction of dust and radiation. **Astrophysical Journal, Part 1**, v. 410, n°. 2, p. 701 – 713, 1993.

NITTLER, L. R.; HOPPE, P.; ALEXANDER, C. M. O'D.; AMARI, S.; EBERHARDT, P.; GAO, X.; LEWIS, R. S.; STREBEL, R.; WALKER, R. M.; ZINNER, E. Silicon Nitride from Supernovae. **Astrophysical Journal Letters**, v.453, p. L25, 1995.

OLIVIER, E. A.; WHITELOCK, P.; MARANG, F. Dust-enshrouded asymptotic giant branch stars in the solar neighbourhood. **Monthly Notices of the Royal Astronomical Society**, v. 326, p. 490 – 514, 2001.

OLOFSSON, H. The neutral envelopes around AGB and post-AGB objects Molecules in astrophysics: probes & processes: abstract book, IAU symposium 178: 1-5 July 1996, Leiden, The Netherlands. Edited by **Ewine Fleur van Dishoeck**, p. 457. 1996.

OLOFSSON, H.; LINDQVIST, M.; NYMAN, L. Å; WINNBERG, A. Circumstellar molecular radio line intensity ratios. **Astronomy and Astrophysics**, v. 329, p. 1059 – 1074, 1998.

OLOFSSON, H.; LINDQVIST, M.; WINNBERG, A.; NYMAN, L. Å.; Nguyen-Q-Rieu. Molecules in the envelope of the Mira variable TX Camelopardalis - The first detection of CN in an oxygen-rich circumstellar envelope. **Astronomy and Astrophysics**, v. 245, n°. 2, p. 611 – 615, 1991.

OLOFSSON, H.; Molecular abundances in AGB circumstellar envelopes 2005, In: Proceedings of the dusty and molecular universe: a prelude to Herschel and ALMA, 27-29 October 2004, Paris, France. Ed. by A. Wilson. ESA SP-577, **Noordwijk, Netherlands: ESA Publications Division**, ISBN 92-9092-855-7, 2005, p. 223 – 228

OMONT, A.; LUCAS, R.; MORRIS, M.; GUILLOTEAU, S. S-bearing molecules in O-rich circumstellar envelopes. **Astronomy and Astrophysics**, v. 267, n°. 2, p. 490 – 514, 1993.

ORTIZ, R. Evolução estelar pós-AGB, **Boletim da Sociedade Astronômica Brasileira**, 29, n°1, p. 3-13, 2009.

PETRIE, S. On the formation of metal cyanides and related compounds in the circumstellar envelope of IRC+10216. **Monthly Notices of the Royal Astronomical Society**, v. 282, p. 807 – 819, 1996.

PITMAN, K. M.; SPECK, A. K.; HOFMEISTER, A. M. **Challenging the identification of nitride dust in extreme carbon star spectra**. Monthly Notices of the Royal Astronomical Society, v. 371, p. 1744-1754, 2006.

PONTEFRACT, M.; RAWLINGS, J. M. C. The early chemical evolution of nova outflows. **Monthly Notices of the Royal Astronomical Society**, v. 347, p. 1294-1303, 2004.

R. B. SCORZELLI, M. E. VARELA, E. ZUCOLOTTO. **Meteoritos: cofres da nebulosa solar**. Livraria da Física, 2010.

RAMSTEDT, S.; SCHÖIER, F. L.; OLOFSSON, H. On the reliability of mass-loss-rate estimates for AGB stars. **Astronomy and Astrophysics**, v. 487, p. 645 – 657, 2008.

ROYER et al., PACS and SPIRE spectroscopy of the red supergiant VY CMa, **Astronomy & Astrophysics**, v. 518, p. L145-L150, 2005.

SAGE, L. J.; MAUERSBERGER, R.; HENKEL, C. Extragalactic ^{18}O/^{17}O ratios and star formation: high-mass stars preferred in starburst systems?. **Astronomy and Astrophysics**, v. 249, p. 31-35, 1991.

SAHAI, R.; CHRONOPOULOS, CHRISTOPHER K. "The Astrosphere of the Asymptotic Giant Branch Star IRC+10216".**The Astrophysical Journal Letters**, v.711 (2): p. L53–L56, 2010.

SAKSENA, M. D.; DEO, M. N.; SUNANDA, K.; BEHERE, S. H.; LONDHE, C. T. Fourier transform spectral study of $B^2\Sigma^+$ $X^2\Sigma^+$ system of AlO. **Journal of Molecular Spectroscopy**, v. 247, p. 47-56, 2008.

SÁNCHEZ C. C.; GIL DE PAZ, A.; SAHAI, R. The Companion to the Central Mira Star of the Protoplanetary Nebula OH 231.8+4.2. **The Astrophysical Journal**, v. 616, p. 519 – 524, 2004.

SCALO, J. M., SLAVSKY, D. B., Chemical structure of circumstellar shells. **Astrophysical Journal, Part 2 - Letters to the Editor**, v. 239, p. L73 - L77, 1980.

SCHOENBERNER, D., Late stages of stellar evolution - Central stars of planetary nebulae. **Astronomy and Astrophysics**, v. 103, n°. 1, p. 119-130, 1981.

SCHOENBERNER, D., Late stages of stellar evolution. II - Mass loss and the transition of asymptotic giant branch stars into hot remnants. **Astrophysical Journal, Part 1**, v. 272, p. 708 – 714, 1983.

SCHÖIER, F. L., RYDE, N., OLOFSSON, H., Probing the mass loss history of carbon stars using CO line and dust continuum emission. **Astronomy and Astrophysics**, v. 391, p. 577 – 586, 2002.

SCHÖIER, F. L., van der TAK, F. F. S., van DISHOECK, E. F., BLACK, J. H., An atomic and molecular database for analysis of submillimetre line observations. **Astronomy and Astrophysics**, v. 432, p. 369 – 379, 2005.

SCHÖNBERGAND, M.; CHANDRASEKHAR, S. On the evolution of the main-sequence stars. **Astrophysical Journal**, v. 96, p. 161–172, 1942.

SCHUTTE, W. A., TIELENS, A. G. G. M. Theoretical studies of the infrared emission from circumstellar dust shells - The infrared characteristics of circumstellar silicates and the mass-loss rate of oxygen-rich late-type giants. **Astrophysical Journal, Part 1**, v. 343, p. 369 – 392, 1989.

SHAVIV, N. J.; NAKAR, E.; PIRAN, T. Inhomogeneity in Cosmic Ray Sources as the Origin of the Electron Spectrum and the PAMELA Anomaly. **Physical Review. Letter**. v.103, p. 111302 – 111306, 2009.

SKINNER, C. IRC+10216: The second brightest non-Solar System object in the IR, HST Proposal ID #7120, 2005.

SMITH I. W. N. Laboratory Astro-chemistry: Gas-Phase Process, **Annu. Ver. Astronomy Astrophysics**, v.49, p. 29-66, 2011.

SMITH, N.; HUMPHREYS, R. M.; DAVIDSON, K.; GEHRZ; R. D.; SCHUSTER, M. T.; TENENBAUM, E. D.; APPONI, A. J.; ZIURYS; L. M.; AGÚNDEZ, M.; CERNICHARO, J.; PARDO, J. R.; GUÉLIN, M. Detection of C_3O in IRC +10216: Oxygen-Carbon Chain Chemistry in the Outer Envelope. **The Astrophysical Journal**, v. 649, p. L17 - L20, 2006.

SNYDER, L. E. et al. Microwave detection of interstellar formaldehyde. **Physical Review Letters**, v. 22, p. 679-681, 1969.

SO, S. P.; RICHARDS, W. G. A theoretical study of the excited electronic states of AlF. **Journal Physics B: Atomic, Molecular Physics**, v. 7, p. 1973-1979, 1974.

SOLOMON, P. M.; SANDERS, D. B.; SCOVILLE, N. Z. **Giant molecular clouds in the Galaxy - Distribution, mass, size and age**. Dordrecht: D. Reidel Publishing Co., 1979.

SOLOMON, P. M.; Setti, G.; Fazio, G. G. **Physics of molecular clouds from millimeter wave length observations**. New York: Springer, 1978.

SOLOMON, P.; JEFFERTS, K. B.; PENZIAS, A. A.; WILSON, R. W., Observation of CO Emissionat 2.6 Millimeters from IRC+10216, **The Astrophysical Journal**, vol. 163, p.L53, 1971.

SPITZER, L. Theories of the hot interstellar gas. **Annual Review of Astronomy and Astrophysics**, v. 28, p. 71-102, 1990.

STAHLER, S. W.; SHU, F. H.; TAAM, R. E., The evolution of proto-stars. II - The hydrostatic core. **Astrophysical Journal**, v. 242, p. 226 – 241, 1980.

TENENBAUM, E. D.; DODD, J. L.; MILAM, S. N.; WOOLF, N. J.; ZIURYS, L. M. Comparative spectra of oxygen-rich versus carbon-rich circumstellar shells: VY Canis Majoris and IRC+10216. **The Astrophysical Journal Letters**, v. 720, p. L102-L107, 2010.

TENENBAUM, E. D.; WOOLF, N. J.; ZIURYS, L. M. Identification of Phosphorus Monoxide ($X^2\Pi_r$) in VY Canis Majoris: Detection of the First PO Bond in Space. **The Astrophysical Journal**, v. 666, p. L29 - L32, 2007.

TENENBAUM, E. D.; ZIURYS, L.M. Exotic metal molecules in oxygen-rich envelopes: detection of AlOH ($X^1\Sigma^+$) in VY Canis Majoris, **The Astrophysical Journal**, v. 712, p. L93-L97, 2010.

TEREBEY, S.; SHU, F. H.; CASSEN, P. The collapse of the cores of slowly rotating isothermal clouds. Astrophysical Journal, v. 286, p. 529 – 551, 1984.

TEYSSIER, D.; HERNANDEZ, R.; BUJARRABAL, V.; YOSHIDA, H.; PHILLIPS, T. G. CO line emission from circumstellar envelopes. **Astronomy and Astrophysics**, v. 450, p. 167 – 179, 2006,

TROLAND; THOMAS H.; CRUTCHER; RICHARD M. Magnetic Fields in Dark Cloud Cores: Arecibo OH Zeeman Observations. **The Astrophysical Journal**, v. 680, p. 457 – 465, 2008

TSUJI, T. Molecular abundances in stellar atmospheres. II. **Astronomy and Astrophysics**, v. 23, p. 411 – 431, 1973.

TURNER, B. E.; Chan, K.; Green, S.; Lubowich, D. A. Tests of shock chemistry in IC 443G. **Astrophysical Journal, Part 1**, v. 399, n°. 1, p. 114 – 133, 1992.

van LOON, J. Th.; CIONI, M.-R. L.; ZIJLSTRA, A. A.; LOUP, C. An empirical formula for the mass-loss rates of dust-enshrouded red supergiants and oxygen-rich Asymptotic Giant Branch stars. **Astronomy and Astrophysics**, v. 438, p.273 – 289, 2005.

van LOON, J. Th.; CIONI, M.-R. L.; ZIJLSTRA, A. A.; LOUP, C. An empirical formula for the mass-loss rates of dust-enshrouded red supergiants and oxygen-rich Asymptotic Giant Branch stars. **Astronomy and Astrophysics**, v. 438, p. 273-289, 2005.

van WINCKEL, H. Post-AGB Evolution Asymptotic Giant Branch Stars. IAU Symposium #191, Edited by T. Le Bertre, A. Lebre, and C. Waelkens. ISBN: 1-886733-90-2 LOC: 99-62044. p. 465, 1999.

VASSILIADIS, E.; WOOD, P. R. Evolution of low- and intermediate-mass stars to the end of the asymptotic giant branch with mass loss. **Astrophysical Journal, Part 1**, v. 413, n°. 2, p. 641 - 657, 1993.

VASSILIADIS, E.; WOOD, P. R. Post-asymptotic giant branch evolution of low - to intermediate-mass stars. **The Astrophysical Journal Supplement Series**, v. 92, n°. 1, p. 125-144, 1994.

WALLERSTEIN, G.; IBEN JR., I.; PARKER, P.; BOESGAARD, A. M.; HALE, G. M.; CHAMPAGNE, A. E.; BARNES, C. A.; KM-DPPELER, F.; SMITH, V. V.; HOFFMAN, R. D.; TIMMES, F. X.; SNEDEN, C.; BOYD, R. N.; MEYER, B. S.; LAMBERT, D. L. Synthesis of the elements in stars: forty years of progress. **Reviews of Modern Physics**, v. 69, 995–1084, 1999.

WAPSTRA, A. H.; Bos, K. "The 1983 atomic-masse valuation. I. Atomic mass table, **Nucl. Phys. A**, v. 432, p. 1-54, 1985.

WILLACY, K.; CHERCHENEFF, I. Silicon and sulphur chemistry in their wind of IRC+10216. **Astronomy & Astrophysics**, v. 330, p. 676, 1998.

WILLACY, K.; MILLAR, T. J. Chemistry in oxygen-rich circumstellar envelopes. **Astronomy and Astrophysics**, v. 324, p. 237 – 248, 1997.

WILLIAMS, D.A.; HARTQUIST, T. W. The chemistry of star-forming regions, Acc. Chem. Res., v.32, p.334-341, 1999.

WILLIAMS, J. P.; BLITZ, L.; MCKEE, C. F. **The structure and evolution of molecular clouds: from clumps to cores to the IMF**. Tucson: University of Arizona Press, 2000.

WITTKOWSKI, M.; LANGER, N.; WEIGELT, G. "Diffraction-limited speckle-masking interferometry of the red supergiant VY CMa". **Astronomy and Astrophysics**, v. 340, p. 39–42, 1998.

WOOD, P. R. Models of Asymptotic-Giant Stars. **Astrophysical Journal**, v. 190, p. 609 – 630, 1974.

WOOD, P. R. The conditions for dredge-up of carbon during the helium shell flash and the production of carbon stars In: Physical processes in red giants; Proceedings of the Second Workshop, Erice, Italy, September 3-13, 1980. (A82-33776 16-90) Dordrecht, D. Reidel Publishing Co., 1981, p. 135-139

WOOD, P. R.; BESSELL, M. S.; FOX, M. W. Long-period variables in the Magellanic Clouds – Super-giants, AGB stars, supernova precursors, planetary nebula precursors, and enrichment of the interstellar medium. **ApJ**, v. 272, p. 99, 1983.

WOODS, P. M. et al. Molecular abundances in carbon-rich circumstellar envelopes. **Astronomy and Astrophysics**, v. 402, p. 617-634, 2003.

YORKE, H. W.; BODENHEIMER, P.; LAUGHLIN, G. The formation of protostellar disks. I. **Astrophysical Journal**, v. 411, p. 274-284, 1993.

ZACK, L. N.; HALFEN, D. T.; ZIURYS, L. M, Detection of FeCN in the Circumstellar Envelope of IRC+10216. **The Astrophysical Journal Letters**, v.733, p. L36, 2011.

ZENOUDA, C.; BLOTTIAU,P.; CHAMBAUD, G.; ROSMUS, P. Theoretical study of the electronic states of AlO and AlO^{-1}. **Journal of Molecular Structure**, v.458, p.61-67, 1999.

ZIURYS L. M.; TENENBAUM, E.D.; PULLIAM, R.L.; WOOLF, R.N.; MILAM, S.N. Carbon chemistry in the envelope of VY Canis Majoris: implications for oxygen-rich evolved stars. **The Astrophysical Journal**, v.695, p.1604-1613, 2009.

ZIURYS, L. M.; MILAM, S. N.; APPONI, A. J.; WOOLF, N. J. Chemical complexity in the winds of the oxygen-rich supergiant star VY Canis Majoris. **Nature**, v. 447, p. 1094 -1097, 2007.

ZIURYS, L. M.; MILAM, S. N.; APPONI, A. J.; WOOLF, N. J. Chemical complexity in the winds of the oxygen-rich supergiant star VY Canis Majoris. **Nature**, v. 447, p.1094-1097

ZIURYS, L. M.; SAVAGE, C.; HIGHBERGER, J. L.; APPONI, A. J.; GUÉLIN, M.; CERNICHARO, J. More Metal Cyanide Species: Detection of AlNC $(X^1\Sigma^+)$ toward IRC +10216. **The Astrophysical Journal**, v. 564, p. L45-L48, 2002.

ZIURYS, L. M.; TURNER, B. E.   HCNH(+) - A new interstellar molecular ion. **Astrophysical Journal, Part 2 - Letters to the Editor**, v. 302, p. L31-L36, 1986.

ZUBKO, V.; LI, D.; LIM, T.; FEUCHTGRUBER, H.; HARWIT, M. Observations of Water Vapor Outflow from NML Cygnus. **The Astrophysical Journal**, v. 610, p. 427 – 435, 2004.

ZYGELMAN, B.; DALGARNO, A. Radiative quenching of He $(2\ ^1S)$ induced by collisions with ground-state helium atoms. **Physical Review A (General Physics)**, v. 38, p.1877-1884, 1988.

Apêndice A

Raio e massa de Jeans

Supondo uma nuvem molecular de forma esférica com raio R, massa total M e densidade homogênea ρ. A densidade pode ser calculada por

$$\rho = \frac{M}{\frac{4}{3}\pi R^3} \tag{A.1}$$

Para um átomo de H na borda dessa nuvem com velocidade v, a energia total é dada por

$$E_{total} = E_c + E_p = \frac{m_H v^2}{2} - \frac{GMm_H}{R} \tag{A.2}$$

Se $E_{total} > 0$ a energia cinética do átomo é maior que a energia gravitacional, mas se $E_{total} < 0$ a força gravitacional é predominante e consequentemente haverá o colapso, isto é, o átomo de H será atraído para o centro da nuvem. Pela teórica cinética, há uma relação entre a temperatura e velocidade dos átomos

$$\frac{3}{2}kT \sim \frac{m_H v^2}{2} \tag{A.3}$$

Para nosso estudo, vamos considerar somente o caso em que $E_{total} < 0$, assim obtem-se a desigualdade

$$\frac{3}{2}kT \sim \frac{m_H v^2}{2} < \frac{GMm_H}{R} \qquad (A.4)$$

ou seja,

$$\frac{3}{2}kT < \frac{GMm_H}{R} \qquad (A.5)$$

Multiplicando e dividindo o lado esquerdo de (A.5) por $\frac{4\pi R^2}{3}$ resulta

$$R_J{}^2 > \frac{9}{8}\left(\frac{kT}{\pi m_H G \rho}\right) \qquad (A.6)$$

A desigualdade (A.6) fornece o raio de Jeans R_J para a nuvem molecular. Então o raio da nuvem deve ser maior que o raio de Jeans para que ocorra o colapso. A partir de (A6) podemos obter o valor da massa mínima, denominada de massa de Jeans M_J, de uma nuvem para que ocorra o colapso. Manipulando (A.6) obtem-se a equação que fornece a massa de Jeans

$$M_J = \frac{4}{3}\pi R_J{}^3 \rho \qquad (A.7)$$

Apêndice B

Reações nucleares

Os prótons e elétrons de um núcleo atômico são mantidos ligados pela força nuclear, que contrariamente à força gravitacional, é de pequeno alcance. O núcleo possui uma dimensão de ~ 10^{-13} cm, distância na qual a força nuclear opera, para distância maiores que a dimensão do núcleo a força nuclear tornar-se desprezível.

Na colisão entre um próton e um núcleo, por exemplo, à grandes distâncias, os dois se repelem mutuamente devido a força eletrostática. Assim, a energia do próton deve ser tal que o mesmo consiga vencer a barreira coulombiana entre ele e o núcleo. No entanto, duas situações podem ocorrer: o próton pode ser expulso do núcleo (espalhamento) ou pode ser capturado pela força nuclear e tornar-se parte do núcleo.

Porém, nem todas as combinações de nêutrons e prótons formam núcleos estáveis. Além disso, nem todos os núcleos ligados são estáveis, porque prótons e nêutrons podem se transformar um no outro por interações fracas. Por exemplo, um nêutron livre não é estável: $n \rightarrow p + e + \bar{\upsilon} + 0,782$ MeV, onde e é um elétron e $\bar{\upsilon}$ é um anti-neutrino. Por outro lado, os prótons livres são estáveis, mas os prótons que constituem um núcleo podem sofrer interação fraca: $p \rightarrow n + e^{+} + \upsilon - 1,8$ MeV, onde e^{+} é um pósitron e υ é um neutrino, a qual requer energia para ocorrer. Em todos os casos, a energia liberada é carregada pelos elétrons ou pósitrons e pelos neutrinos ou anti-neutrinos. No entanto, há configurações estáveis de nêutrons e prótons que não decaem, as quais formam os elementos estáveis.

O resultado combinado das forças opostas, força eletrostática e a força nuclear, é que a energia de ligação por núcleon geralmente aumenta com o aumento de tamanho do átomo, para elementos até com núcleo do tamanho de ferro e níquel, e diminui para núcleos mais pesados. Eventualmente, a energia de ligação do núcleo se torna negativa e núcleos muitos pesados tornam-se instáveis. Em ordem crescente de energia, os quatro núcleos blindados mais compactos são ^{62}Ni, ^{58}Fe, ^{56}Fe, e ^{60}Ni . Porém, no interior estelar, o isótopo ^{60}Ni se desintegra.

O processo mais simples de nucleossíntese é a queima de H com a formação de He, que pode ocorrer por meio da cadeia próton-próton ou do ciclo CNO. A cadeia próton-próton ocorre em estrelas com temperaturas centrais em torno 10^7K, para que a energia cinética dos prótons possa ultrapassar a barreira coulombiana de potencial repulsivo que existe entre eles.

B.1. A cadeia próton – próton ou ciclos pp

Dois prótons se unem brevemente formando um di-próton instável. Porém um dos prótons pode decair por interação fraca formando um nêutron e liberando um pósitron (e^+) e um neutrino (υ). Simbolicamente, tem-se

$$p + p \rightarrow {}^2H + e^+ + \upsilon + 0{,}42 \text{ MeV}$$

Tal reação é bem lenta, já que requer a ocorrência das duas circunstâncias anteriores. O ^{2}H pode reagir com p

$$^2H + p \rightarrow {}^3He + \gamma + 5{,}49 \text{ MeV}$$

Uma vez formando o ^{3}He, existem três possíveis cadeias consecutivas de reações para que a fusão do H via ciclo pp possa ser realizada, denominadas: pp 1, pp 2 e pp 3.

i.   pp 1

Para uma estrela com 1 $M_\odot$ pode ocorrer a reação

$$^3He + {}^3He \rightarrow {}^4He + 2p + 12{,}86 \text{ MeV}$$

ii.   pp 2

Para $T \geq 1{,}4 \times 10^7$K (cerca de 15% das vezes), após ocorrerem as reações acima, podem ocorrer as reações

$$^3He + {}^4He \rightarrow {}^7Be + \gamma$$

$$^7Be + e^- \rightarrow {}^7Li + \upsilon$$

$$^7Li + {}^1H \rightarrow {}^4He + {}^4He$$

74

iii. pp 3

A terceira possibilidade, que ocorre com T $\geq$ 2,3x10^{7}K (0,02% das vezes), é a cadeia pp 3, ou seja,

^{4}He + ^{3}He → ^{7}Be + γ

$\quad$ ^{7}Be + ^{1}H → ^{8}Be + γ + e$^+$ + υ

$\quad\quad$ ^{8}Be → ^{4}He + ^{4}He

O ^{4}He possui uma energia de ligação grande, e não há núcleo estável com massa atômica igual a 5, portanto não há reações do tipo ^{4}He + p ou ^{4}He + n. Podem ser formadas pequenas quantidades de ^{6}Li e ^{7}Li, através das reações: ^{4}He + ^{2}H → ^{6}Li + γ e ^{4}He + ^{3}H → ^{7}Li + γ.

Os neutrinos, pelo fato de não possuírem massa e neutros, podem atravessar grandes distâncias sem interagirem com a matéria e escapar da estrela, carregando consigo energia. Os neutrinos do ramo pp1 são menos energéticos que os produzidos pela cadeia pp 3. Os pósitrons podem se aniquilar com os elétrons, formando raios γ, os quais também carregam energia. Em suma, tem-se:

$\quad$ 4p → ^{4}He + 2υ + 2e$^+$ + γ + 26,8 MeV.

B.2. Ciclo CNO

O ciclo carbono-nitrogênio-oxigênio é um conjunto de reações nucleares que ocorrem no interior das estrelas mais pesadas, ou seja aquelas que alcançam uma temperatura central em torno de 2 x 10^7 K ou ainda naquelas de segunda geração em diante. As reações ocorrem sempre entre p e elementos pesados devido à menor repulsão coulombiana. As reações mais importantes desse ciclo são (KRANE, 1988):

^{12}C + p → ^{13}N + γ + 1,95 MeV

$\quad$ ^{13}N → ^{13}C + e$^+$ + υ + 1,37 MeV

$\quad\quad$ ^{13}C + p → ^{14}N + γ + 7,54 MeV

$$^{14}N + p \rightarrow\ ^{15}O + \gamma + 7,35\ MeV$$

$$^{15}O \rightarrow\ ^{15}N + e^+ + \upsilon + 1,86\ MeV$$

$$^{14}N + p \rightarrow\ ^{12}C + {}^4He + 4,96\ MeV$$

O ^{12}C usado na primeira reação pode ser regenerado na última. Ou ainda podem ocorrer (0,04 % das vezes):

$$^{15}N + p \rightarrow\ ^{16}O + \gamma + 12,13\ MeV$$

$$^{16}O + p \rightarrow\ ^{17}F + \gamma + 0,60\ MeV$$

$$^{17}F \rightarrow\ ^{17}O + \gamma + \upsilon + 2,76\ MeV$$

$$^{17}O + p \rightarrow\ ^{14}N + {}^4He + 1,19\ MeV$$

$$^{14}N + p \rightarrow\ ^{15}O + \gamma + 1,19\ MeV$$

$$^{15}O \rightarrow\ ^{15}N + e^+ + \upsilon + 2.75\ MeV$$

O ^{17}F produzido é catalítico e em estado estável, o qual não se acumula na estrela. No entanto, em estrelas pesadas podem ocorrer

$$^{17}O + p \rightarrow\ ^{18}F + \gamma + 5,61\ MeV$$

$$^{18}F \rightarrow\ ^{18}O + e^+ + \upsilon + 1,65\ MeV$$

$$^{18}O + p \rightarrow\ ^{15}N + {}^4He + 3,98\ MeV$$

$$^{15}N + p \rightarrow\ ^{16}O + \gamma + 12,13\ MeV$$

$$^{16}O + p \rightarrow\ ^{17}F + \gamma + 0,6\ MeV$$

$$^{17}F + p \rightarrow\ ^{17}O + e^+ + \upsilon + 2,76\ MeV$$

Ainda, em estelas pesadas a reação $^{18}O + p$ pode formar o ^{19}F em vez de $^{15}N + {}^4He$ e prossegue através das seguintes reações:

$$^{19}F + p \rightarrow\ ^{16}O + {}^4He + 8,114\ MeV$$

$$^{16}O + p \rightarrow\ ^{17}F + \gamma + 0,60\ MeV$$

$$^{17}F + p \rightarrow\ ^{17}O + e^+ + \upsilon + 2,76\ MeV$$

$$^{17}O + p \rightarrow {}^{18}F + \gamma + 6{,}61 \text{ MeV}$$

$$^{18}F \rightarrow {}^{18}O + + e^+ + \upsilon + 1{,}65 \text{ MeV}$$

$$^{18}O + p \rightarrow {}^{19}F + \gamma + 7{,}994 \text{ MeV}$$

Alternativamente, podem ocorrer as reações:

$$^{18}F \rightarrow {}^{18}O + {}^4He \rightarrow {}^{22}Ne + \gamma + 9{,}67 \text{ MeV}$$

$$^{22}Ne + {}^4He \rightarrow {}^{25}Mg + n + 3{,}14 \text{ MeV}$$

O que ocorreu foi a queima de 4 H em 1 He, o que libera em torno de 26 MeV por ciclo. É o mesmo valor que se obtém nas cadeias pp. Em torno de 25 MeV são usadas na sustentação da estrela.

B.3 O processo triplo-α

Para temperaturas maiores que 10^8 K, a qual pode ser atingida por estrelas com massas superiores a 1 M$_\odot$, o ^4He (ou partícula α) é convertido em ^{12}C pelo processo triplo-α, ou seja,

$$^4He + {}^4He \rightarrow {}^8Be + \gamma$$

$$^8Be + {}^4He \rightarrow {}^{12}C + \gamma + 7{,}27 \text{ MeV}$$

Esta reação ocorre se o ^4He atingir o ^8Be no instante de sua formação.

B.4. Queima do carbono

Para estrelas com massas superiores a 2 M$_\odot$, o núcleo contínua a se contrair e a temperatura aumenta. Quando T~10^9K, inicia-se a queima do C através de uma série de reações termonucleares.

$$^{12}C + {}^{12}C \rightarrow {}^{23}Na + p + 2{,}241 \text{ MeV}$$

$^{12}C + {}^{12}C \rightarrow {}^{20}Ne + \alpha + 4{,}617$ MeV

$^{12}C + {}^{12}C \rightarrow {}^{23}Mg + n + 2{,}599$ MeV

Alternativamente,

$^{12}C + {}^{12}C \rightarrow {}^{24}Mg + \upsilon + \gamma + 13{,}933$ MeV

$^{12}C + {}^{12}C \rightarrow {}^{16}O + {}^{4}He \ - 0.133$ MeV

Ainda, os produtos podem sofrer reações termonucleares ao mesmo tempo em que ocorre a queima de C, ou seja,

$^{23}Na + p \rightarrow {}^{24}Mg + \gamma$

$\qquad {}^{20}Ne + \alpha \rightarrow {}^{24}Mg + \gamma$

$\qquad\qquad {}^{24}Mg + \alpha \rightarrow {}^{27}Al + p$

$\qquad\qquad\qquad {}^{23}Na + \alpha \rightarrow {}^{26}Mg + p$, etc.

Pode ainda ocorrer para temperaturas da ordem de $1{,}2 \times 10^9$ K, a fotodesintegração do Ne,

$^{20}Ne + \gamma \rightarrow {}^{16}o + {}^{4}He$

Há centenas de reações nucleares possíveis envolvendo o C e seus produtos. O resultado mais geral é:

$^{12}C + {}^{12}C \rightarrow$ isótopos de Al, Na, Ne, Mg, ... + MeV

B.4 Processos *r* e *s*

São processos de formação de elementos químicos pesados pela captura lenta (processos *s*) de neutros ou rápida (processo *r*). Acredita-se que processo *s* ocorra principalmente em estrelas do ramo assintótico, onde há poucos nêutrons e o processo *r* em explosões de supernovas, onde há uma grande quantidade de nêutrons.

Para o processo *s*, principal fonte de nêutrons são as reações:

78

$^{22}Ne + {}^{4}He \rightarrow {}^{25}Mg + n$

$^{13}C + {}^{4}He \rightarrow {}^{16}O + n$

Estima-se que o processo s produza aproximadamente metade dos isótopos mais pesados que o ferro, chegando até o ^{209}Bi.

B.5. Queima do oxigênio

Para estrelas com massas maiores que 10 $M_\odot$, ao fim da queima do C, o núcleo se contrai e se aquece. Ao atingir $\sim 2 \times 10^9$ K, inicia-se a queima do O através de uma série de reações nucleares,

$^{16}O + {}^{16}O \rightarrow {}^{28}Si + \alpha$

$\quad {}^{16}O + {}^{16}O \rightarrow {}^{32}S + p$

$\quad\quad {}^{20}Ne + \alpha \rightarrow {}^{24}Mg + n$

Além dessas, onde o principal produto é o ^{28}Si, muitas reações nucleares são possíveis onde são formados ^{36}Ar, ^{38}Ar, ^{33}S, ^{34}S, ^{35}Cl, ^{40}Ca, ^{42}Ca, etc.. De um modo mais geral

$^{16}O + {}^{16}O \rightarrow$ isótopos de Si, P, Cl, Ar, K, Ca, ... + MeV

B.6. Queima do silício

Se a estrela tem uma massa maior que $20M_\odot$, a temperatura do núcleo alcança $\sim 3 \times 10^9$ K e ocorre a queima do silício.

$^{28}Si + {}^{28}Si \rightarrow {}^{56}Ni$

$\quad {}^{56}Ni \rightarrow {}^{56}Co + e^+ + \nu$

$\quad\quad {}^{56}Co \rightarrow {}^{56}Fe + e^+ + \nu$

A queima do silício produz também isótopos de Ti, V, Cr, Mn, Fe, Co, Ni, etc., porém o produto dominante é o ferro (95 %). Assim,

$^{28}Si + ^{28}Si \rightarrow$ isótopos de Ti, V, Cr, Co, Ni, ... + MeV

Printed by Books on Demand GmbH, Norderstedt / Germany